L'INCONTOURNABLE CLÉ DU MARKETING DIGITAL EN 2021

CONSTRUIS TON STRATÉGIE DIGITALE À L'HEURE DU NUMÉRIQUE

Êtes-vous :

- Dirigeants d'entreprise ;
- Entrepreneurs ;
- Community managers ;
- Webmarketers ;
- Débutants qui veulent se lancer et créer ses propres entreprises ?

Ce livre est destiné principalement à vous.

Par Live LOMBA

©Ets. LA VERITE BUSINESS, 2021

ISBN : 979-8-71-493031-7

Le code de la propriété intellectuelle du 1ʳᵉ juillet 1992 n'autorisant, aux termes de l'article L122-5, 2ᵉᵐᵉ et 3ᵉᵐᵉ Alinéa, d'une part, que les « copies ou reproductions strictement réservées à l'usage personnel du copiste et non destinées à une utilisation collective » et d'autre part, que les analyses et illustration, « toute représentation ou reproduction intégrale ou partielle faire sans le consentement de l'auteur ou de ses ayants droit ou ayants cause est illicite »art : L 122-4.

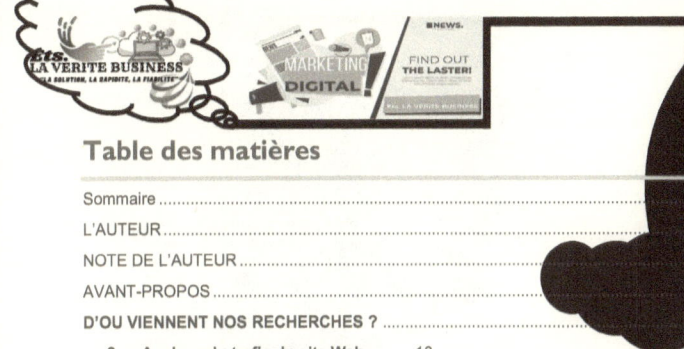

Table des matières

Sommaire 6
L'AUTEUR 7
NOTE DE L'AUTEUR 8
AVANT-PROPOS 9
D'OU VIENNENT NOS RECHERCHES ? 9
   2.   **Analyse du trafic du site Web**........... 10
   4.   **Données publicitaires en ligne**......... 10
   6.   **Données sur les médias sociaux** 11

Nous disposons des outils pour suivre les performances et l'engagement des profils de médias sociaux sur Facebook, Twitter, Instagram, YouTube et Pinterest. 11

Nous recueillons des informations publiques telles que des j'aime, le nombre d'abonnés, les retweets, les hashtags, les vues video, le nombre de commentaires et plus encore a partir des pages que vous choisissez de suivre. ensuite, nous recueillons et organisons les donnees pour presenter des tableaux de bord et des rapports sur l'audience, l'engagement et les taux de croissance de chaque profil social. 11

CHAP 1 : LES TENDANCES DE MARKETING NUMERIQUE DANS LE E-COMMERCE.... 17
   Dépenses publicitaires en ligne dans le commerce électronique : un aperçu général 21
   Déclencheurs émotionnels et CTAs dans les annonces de commerce électronique 23
   Produits les plus populaires dans différentes catégories................................. 24
   Plateformes de commerce électronique haut de gamme 26

CHAP 2 : ANALYSE DE MARCHE : 30
   Qu'est-ce qu'une analyse de marché ? 32
   Pourquoi les entreprises doivent-elles procéder à une analyse de marché ?   33
   Analyse de marché - Étape #1 : définir les objectifs commerciaux................. 34

CHAP 3 : BOOSTEZ VOTRE ACTIVITE 40
   Découvrir maintenant 40
   Analyse de marché - Étape #4 : connaître de façon approfondie les concurrents........... 43
   Analyse de marché - Étape #5 : identifier les bonnes données démographiques 48
   Analyse de marché - Étape #6 : considérer les facteurs internes et externes 50
   1. Leaders : grande audience en ligne + taux de croissance élevé 57

    2. Acteurs établis : grande audience en ligne + taux de croissance faible 59
    3. Game Changers : faible visibilité en ligne + taux de croissance élevé 62
   En quoi ne pas analyser le paysage concurrentiel est dangereux66
CHAP 4 : COMMENT ATTIRER PLUS DE TRAFIC VERS VOTRE SITE EN ANALYSANT LES STRATEGIES MARKETING DE VOS CONCURRENTS...... 66
   Tous les trafics ne se valent pas 68
    Comment attirer du trafic vers votre site à partir des réseaux sociaux 75
    Vérifiez si vos concurrents vous "volent" votre trafic 77
    Auditez le contenu existant pour voir s'il a suffisamment de potentiel pour booster votre trafic.. 78
    Soyez rapide et réactif : résolvez tous les problèmes principaux liés au site 79
    Ce que les entreprises devraient faire pour survivre à COVID-19.................. 82
    Obtenez des informations sur le marketing numérique Essayez gratuitement 82
    Livres &Littérature (+16%)... 84
    Les produits walmart qui connaissent la croissance la plus rapide au cours du COVID-19 86
    Catégories de produits à la croissance la plus rapide d'eBay 87
    Si vous vendez déjà en ligne... 89
    Si vous ne vendez pas encore en ligne... 90
   Découvrez le paysage mondial des achats en ligne avec les données mondiales des applications mobiles, web et web mobile. ...91
    Performance numérique : les meilleurs détaillants du monde [2020] 93
    Global Shopping App Télécharger leaders.. 94
    YoY shifts in Total Shopping App Téléchargements 95
    Meilleurs sites e-commerce [Dans le monde entier et aux États-Unis].......... 96
    Les principaux canaux de trafic sont à l'origine de la croissance du commerce électronique... 97
    Bonus : Segment de vente au détail qui connaît la croissance la plus rapide aux États-Unis en 2020 99
    La transformation numérique des PME... 102
   Plan d'action pour l'établissement au Canada d'un système d'identités numériques fédéré....................................... 113

CONCLUSION..121

Sommaire

Copyright 2021 L'Ets. LA VERITE BUSINESS

Tous droits réservés en vertu des Conventions Nationales et internationales d'auteur. Ce livre ne peut être reproduit, en tout ou en partie, par quelque moyen électronique ou mécanique que ce soit, y compris enregistrement ou par tout système de stockage et de recherche encore inventé, sans l'autorisation écrite de l'éditeur

L'auteur ou l'éditeur est seul propriétaire des droits et responsable du contenu de ce livre.

Permettez-moi de vous rappelez ces choses avant d'aller plus loin :

- Il suffit de tout inventer
- Mets ton visage de jeu
- Découvrez la détente active
- Faites d'aujourd'hui un chef-d'œuvre
- Profitez de tous vos problèmes
- Rappelez à votre esprit
- Descends et deviens petit
- Faites de la publicité pour vous-même
- Sortir des sentiers battus
- Continuez à penser, continuez à penser
- Faire un bon débat
- Que les problèmes marchent pour toi
- Prenez d'assaut votre propre cerveau

L'AUTEUR

Live LOMBA, CEO Consultant
Chez
Ets.LA VERITE BUSINESS

Mes expériences ont forgé mon expertise du marketing interactif et ma connaissance des technologies digitales.

Après avoir mis en œuvre personnellement dans le cadre de startups l'approche de stratégie marketing et en avoir mesuré les bénéfices, j'ai décidé de créer une entreprise.

Je l'ai appelée **Ets. LA VERITE BUSINESS** correspondant aux activités que nous effectuons sur internet.

Devenir son propre média et convertir son audience en client, beau challenge que nous avons à cœur de relever pour nos futurs info preneurs et entrepreneurs !

Je suis manager, conférencier sur la transformation digitale, copywriter, coach et chercheur avec pour objectif de créer un électrochoc dans les entreprises et apporter des solutions rapides et fiables aux autres.

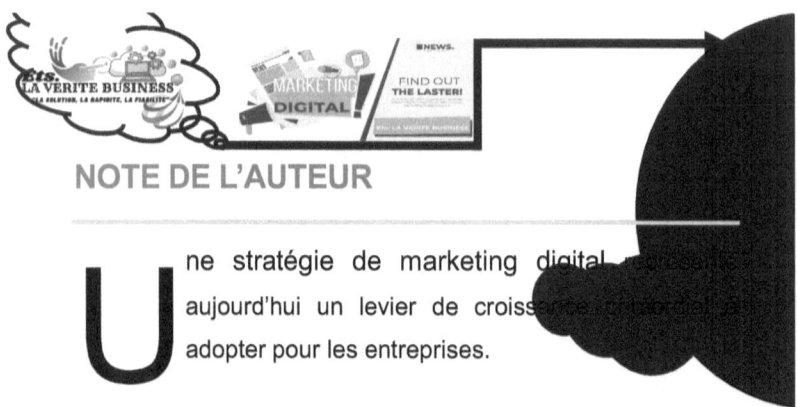

NOTE DE L'AUTEUR

Une stratégie de marketing digital représente aujourd'hui un levier de croissance primordial à adopter pour les entreprises.

Elle vous permet de perdre moins de temps dans votre prospection puisque vous décidez d'attirer vos clients potentiels. Cela vous donne la possibilité de vous concentrer davantage sur les tâches plus importantes.

Bien que cela puisse vous paraître compliqué, sachez que vous n'êtes pas seul, **Ets. LA VERITE BUSINESS** vous accompagne et vous conseil dans votre transition digitale de sorte à ce que vous puissiez la comprendre et en tirer tous les bénéfices.

Ets. LA VERITE BUSINESS
"LA SOLUTION, LA RAPIDITE, LA FIABILITE"

AVANT-PROPOS

D'OU VIENNENT NOS RECHERCHES ?

L'équipe de *l'Ets. LA VERITE BUSINESS* utilise ses propres algorithmes d'apprentissage automatique et des fournisseurs de données fiables pour présenter les données dans nos bases de données.

Nous n'utilisons que les sources de données les plus récentes et nous nettoyons toujours les données grâce à nos méthodes propriétaires afin de présenter la solution la plus fiable sur le marché.

1. Collecte de données

Pour les classements des moteurs de recherche et l'analyse des mots clés, nous utilisons des fournisseurs de données tiers pour collecter les pages de résultats de recherche réelles de Google.

Ensuite, nous recueillons des informations sur les sites Web qui sont répertoriés dans les 100 premières positions.

Nous étudions les deux résultats de recherche organiques ainsi que les résultats de recherche payés pour vous donner une image complète de la visibilité de n'importe quel site Web sur Google.

1. **Analyse et présentation**

À partir de ces mots clés et domaines, nous examinons les données en direct et données historiques sur les changements de position et le classement des domaines dans les positions de recherche organiques et payantes pour créer notre suite de rapports qui montrent les changements de position d'un site Web.

La recherche de chaque mot clé Volume, coût par clic, et plus d'info sont utiles pour les spécialistes du marketing.

La méthode exacte dans laquelle notre équipe recueille et analyse les résultats des moteurs de recherche.

De cette façon, vous savez que les résultats que vous p basée sur le classement réel des pages de résultats les plus Google.

2. Analyse du trafic du site Web

Nous avons également le pouvoir d'estimer le trafic mensuel et le comportement sur place de n'importe quel site Web sur Internet.

3. Algorithme de réseau neuronal

Pour assurer le plus haut niveau de précision, nous utilisons nos réseau neuronal - un algorithme combiné qui fait référence à diverses sources de données et reconnaît les modèles de la même manière que le cerveau humain comprend les modèles.

4. Données publicitaires en ligne

Notre équipe dispose de bases de données étendues pour tout montrer sur les annonceurs et les éditeurs qui utilisent Annonces Google, Google Display Network et Google Shopping.

5. Collecte de données publicitaires

Les annonces Google (annonces PPC dans les résultats de recherche) et **Google Shopping** (également connues sous le nom d'annonces de listes de produits) sont prises en compte lorsque nous recueillons des pages de résultats

de moteurs de recherche pour nos bases de données principales de recherche.

Les annonces d'affichage du réseau d'affichage de Google sont partir de partenariats de confiance et placées dans un nous nettoyons et vérifions chaque jour de nouvelle algorithme propriétaire.

Grâce à cette recherche, les spécialistes du marketing peuv campagnes publicitaires stratégiques, surpasser leurs concurrents, sensibilis leur marque et savoir que leur argent est dépensé judicieusement.

6. Données sur les médias sociaux

Nous disposons des outils pour suivre les performances et l'engagement des profils de médias sociaux sur Facebook, Twitter, Instagram, YouTube et Pinterest.

7. Analyse et présentation

Nous recueillons des informations publiques telles que des j'aime, le nombre d'abonnes, les retweets, les hashtags, les vues video, le nombre de commentaires et plus encore a partir des pages que vous choisissez de suivre. ensuite, nous recueillons et organisons les donnees pour presenter des tableaux de bord et des rapports sur l'audience, l'engagement et les taux de croissance de chaque profil social.

INTRODUCTION : L'INCONTOURNABLE CLE DU MARKETING DIGITAL EN 2021

QUE FAIRE pour réaliser une matrice stratégique

Pour définir et orienter sa stratégie marketing, tout directeur marketing ou chef de produit a besoin d'utiliser une matrice stratégique, que ce soit la matrice BCG

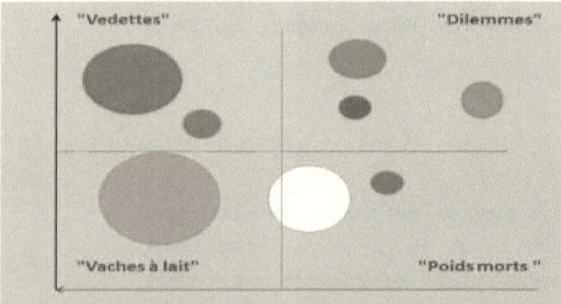

(Boston Consulting Group), celle de Mac Kinsey ou encore la matrice R.CA (Rentabilité /Chiffre d'Affaires). Ces matrices font partie du Plan Marketing, elles sont une aide précieuse aux décisions de business.

Voici les secrets pour bien les intégrer à sa stratégie marketing, les réaliser et les interpréter.

1- Définir les champs d'analyse stratégique

Une matrice stratégique s'emploie au niveau de l'entreprise po[ur]
les DAS, (Domaines d'Activité Stratégiques); le directeu[r]
analyser le portefeuille de toutes les gammes de pro[duits]
l'applique au portefeuille de produits dont il a la responsa[bilité]
marketing s'applique à ces différents niveaux, avec un plan marketing spécifiq[ue]
permettant de développer le business de façon adaptée quelque soit le champs
d'action.

2- Un 1er axe pour mesurer l'attractivité du marché

Les matrices stratégiques ont comme objectif de positionner les activités de l'entreprise ou ses produits sur leur marché. Il est donc essentiel de situer sur un premier axe, en ordonnées, l'attractivité du marché. Les matrices BCG et RCA prennent le taux de croissance comme indicateur. La matrice Mac Kinsey mixe plusieurs critères: croissance, nombre de concurrents, accessibilité, profitabilité, volume... Toute stratégie marketing repose sur la prise en compte de l'environnement externe.

3- Un 2ème axe pour mesurer la position de l'activité /offre

Le deuxième axe de la matrice, en abscisses, situe la position de l'entreprise ou de ses produits. C'est ce qui va permettre de mettre en perspective la position des activités ou des produits sur leur marché et donner, selon les cadrans, les grandes orientations de stratégie marketing.

- La matrice BCG indique la part de marché relative de l'activité /produit par rapport au concurrent le mieux placé en part de marché. Ainsi la médiane est 1.
- La matrice R.CA prend comme indicateur la rentabilité.
- Cette matrice correspond mieux aux secteurs BtoB.

- La matrice Mac Kinsey mixe plusieurs critères: part de marché, rentabilité,

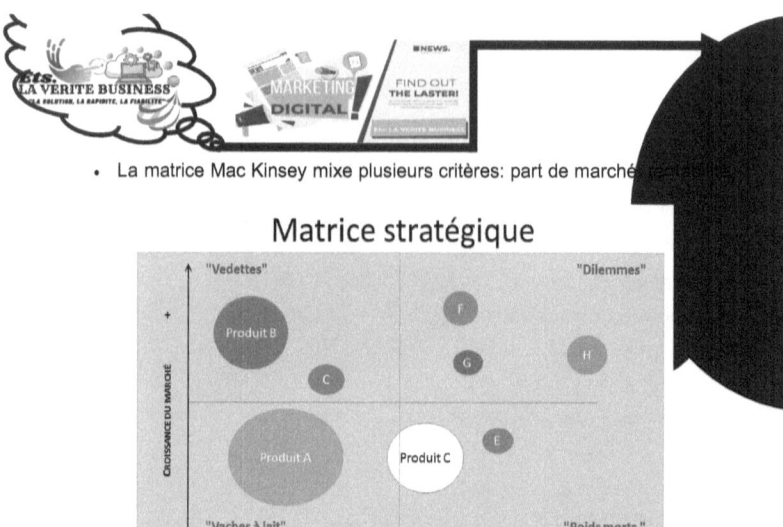

maîtrise de la distribution, notoriété…

4- Pas de stratégie marketing sans données fiables!

Ce conseil vaut pour toutes matrices, principalement pour la matrice Mac Kinsey: le mix des critères d'attractivité du marché et d'atouts de l'activité /offre produit doit être fondé sur des données précises et chiffrées et correspondants au secteur. En marketing BtoB, il est parfois difficile de se procurer les bonnes informations sur son marché: il faut absolument croiser plusieurs sources d'informations.

5- Visualiser la part de chaque activité /offre

On représente chaque activité ou chaque produit par un cercle. La taille de celui-ci est proportionnel à la part qu'il représente dans le portefeuille global. Ainsi le directeur marketing ou le chef de produit visualise rapidement le poids de chacun et sa position sur le marché.

Cette visualisation permet de partager le même diagnostic avant de prendre la stratégie marketing.

6- Faire le lien avec le cycle de vie du marché

En faisant le lien avec le cycle de vie du marché, on peut s'interroger sur les produits qui sont dans le cadran « dilemmes » alors que le marché est déjà bien lancé.

On peut aussi s'interroger sur les produits avec un poids prépondérant et qui sont dans le cadran « poids morts ».

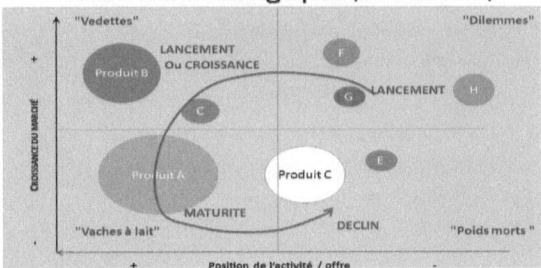

7- Analyser l'équilibre du portefeuille d'activité /offre

Vérifier l'équilibre du portefeuille d'activité/ produit est la 1ère analyse à réaliser pour orienter sa stratégie marketing puis construire son plan marketing. La question est double: le business d'aujourd'hui est-il suffisamment rentable? Y-a-

t'il suffisamment de nouvelles activités ou de nouveaux produits pou[r le] business de demain?

8- Interpréter pour orienter la stratégie marketing
Une 1ère lecture permet d'aider à la décision:

- Dilemmes: investir pour faire passer en « Vedettes [» sinon] le lancement n'a pas été réussi.
- Vedettes: maintenir le leadership.
- Vaches à lait: rentabiliser, ce sont ces produits qui permettent d'investir pour le business de demain.
- Poids morts : se désengager sauf si ce produit sert de booster ou de vitrine pour en vendre un autre.

9- Mettre en perspective avec le plan marketing
Les matrices stratégiques sont un formidable outil d'aide à la décision. Cependant l'analyse est plus complète si on met en perspective des objectifs généraux de l'entreprise, des objectifs marketing, de l'analyse SWOT, des capacités de l'entreprise et du positionnement versus la concurrence.

10- Prendre les bonnes décisions pour le business
Les décisions à prendre doivent être guidées par les objectifs généraux poursuivis par l'entreprise, elles doivent être suivies par des actions concrètes, planifiées, mesurables. Il s'agit notamment de rationaliser le portefeuille d'activité /produit:

- Se désengager des produits à faible volume, faible notoriété... qui sont sur des marchés décroissants.
- Promouvoir les produits à forte rentabilité, bonne attractivité sur des marchés en croissance
- Investir sur les nouvelles offres et l'innovation.

CHAP 1 : LES TENDANCES DE MARKETING NUMERIQUE DANS LE E-COMMERCE

La pandémie du COVID-19 a sans aucun doute eu un effet significatif sur tendances du marketing numérique cette année.

Son impact total reste à voir, mais les entreprises ont été contraintes de s'adapter à l'évolution des circonstances sur une base hebdomadaire, voire quotidienne.

Chez nous, nous avons recueilli et analysé les données récentes de plus de 2 000 des sites de commerce électronique les plus visités au monde dans plusieurs catégories, y compris *la mode, l'électronique grand* public et la santé *et la*beauté, afin de déterminer à quoi ressemble le nouveau visage du marketing numérique.

L'analyse a révélé que des changements dans le paysage du commerce électronique et des habitudes d'achat des consommateurs étaient déjà arrivés :

- Les recherches mensuelles « acheter en ligne » ont presque doublé au cours du premier mois de la pandémie : il y a eu plus de 27 500 recherches en mars 2020 contre plus de 14 800 en février 2020, toutes catégories confondues.
- Si l'on examine la tendance générale d'une année sur l'autre (YoY) pour juin (2019 par rapport à 2020), ces recherches ont augmenté globalement de 50 %;
- Les recherches mondiales pour les services de livraison de nourriture ont augmenté en moyenne de 180 %;

- Et La croissance moyenne du trafic yoy pour les sites de commerce électronique au premier semestre 2020 a été d'environ 30%

Ce ne sont là que quelques-uns des changements qui ont eu lieu au cours des derniers mois.

Examinons de plus près nos recherches et nos données sur le marketing numérique du commerce électronique de cette année afin de voir comment nous pouvons aider les entreprises à naviguer dans leurs nouveaux paysages.

PARTI 1 : TENDANCES DU TRAFIC DU COMMERCE ELECTRONIQUE : CROISSANCE, CROISSANCE, CROISSANCE

Les ventes de commerce électronique ont déjà augmenté à des rythmes sans précédent. En 2020, eMarketer prévoit un chiffre d'affaires collectif de 3,914 billions de dollars en commerce électronique.

En raison de l'épidémie de coronavirus, l'intérêt des consommateurs pour les achats en ligne est à la hausse pour tout, des nécessités quotidiennes aux achats plus graves, tels que les ordinateurs portables (les recherches en ligne pour les « ordinateurs portables » ont augmenté de 123% YoY au printemps). Le shopping hors ligne, bien sûr, est loin de revenir à la normale.

Tendances du trafic de commerce électronique

Les données recueillies via Traffic Analytics montrent que le trafic électronique mensuel moyen mondial dans toutes les industries est d'environ 17 milliards.

On s'attend généralement à des pics en novembre et décembre [...] consommateurs affluents vers les magasins en ligne pour des pr[...] Black Friday et des vacances d'hiver, mais la récente pandémie a [...] changements inattendus dans le paysage du commerce él[...]

Les pics de trafic vers les sites Web de commerce éle[...] étaient plus importants que les pics traditionnels que nous avons [...] en novembre et décembre.

Fait remarquable, le trafic n'a continué d'augmenter qu'en juin 2020 :

La croissance du trafic est restée constante pendant les mois de la pandémie (mars - juin 2020), la moyenne étant de 36 % dans toutes les catégories de commerce électronique.

Outre les détaillants généraux comme Amazon, Walmart et eBay, les trois catégories *de home and garden, food and groceries, et sport et plein air* sont ceux qui affichent la croissance la plus significative du trafic pendant cette période à 40-50% YoY.

Sources de trafic de commerce électronique

L'augmentation du trafic est une chose, mais comprendre d'où il vient en est une autre si les entreprises veulent voir les avantages d'attirer plus de visiteurs. Voici ce que nous avons constaté en ce qui concerne les sources de trafic pendant la pandémie :

Le trafic mobile a constitué environ 70 % de toutes les visites de sites de commerce électronique.

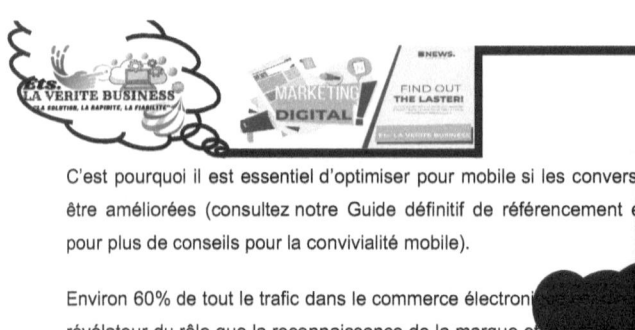

C'est pourquoi il est essentiel d'optimiser pour mobile si les conversions doivent être améliorées (consultez notre Guide définitif de référencement e-commerce pour plus de conseils pour la convivialité mobile).

Environ 60% de tout le trafic dans le commerce électronique est direct, ce qui est révélateur du rôle que la reconnaissance de la marque et la fidélité des clients jouent pour toute entreprise d'achats en ligne.

Les *secteurs de* la *mode, de la santé et* de la beauté, qui comptent beaucoup sur la notoriété de la marque, ont vu le plus grand nombre de visiteurs venir directement sur leurs sites (59% et 61% respectivement).

Nous avons constaté que, pendant la pandémie, le trafic de recherche dans le commerce électronique a augmenté de 17% YoY en moyenne dans toutes les catégories. La *catégorie Santé et Beauté* a connu la plus forte croissance du trafic de recherche avec 24%.

Le trafic de marque a également augmenté yoy pour toutes les catégories de commerce électronique. La plus forte hausse du trafic de marque a été dans le *secteur de la santé et de* la beauté, qui a connu une croissance de 16% yoy.

La mode domine la part du trafic de marque (qui a augmenté de 4% pendant la pandémie), suivie par *Consumer Electronics*:

Tendances publicitaires du commerce électronique : une opportunité en pleine crise

Le trafic payant n'est pas le plus grand générateur de trafic dans le commerce électronique, mais pour gagner des clients et fonctionner dans un environnement hautement concurrentiel, les grands e-tailers ont toujours des moyens de faire de la publicité en ligne.

Dépenses publicitaires en ligne dans le commerce électronique : un aperçu général

À l'échelle mondiale, près de 50 % de tous les annonceurs de commerce électronique en ligne de diverses catégories dépensent jusqu'à 1 000 $ par mois pour des campagnes publicitaires Google, de sorte qu'il ne s'agit pas d'un exercice qui est nécessairement réservé à ceux qui ont des budgets énormes.

Aux États-Unis, 30 % des annonceurs de commerce électronique restent dans une limite mensuelle de 1 000 $ lorsqu'il s'agit de leurs dépenses publicitaires.

Les budgets ont tendance à augmenter avec la concurrence entre les différentes industries.

Selon nos données recueillies par l'intermédiaire de notre boîte à outils *publicitaire, les détaillants généraux* et *les* consommateurs de mode électroniques sont les plus gros dépensiers publicitaires, car environ 50 % des domaines analysés dans ces secteurs dépensent plus de 150 000 $ chaque mois.

Examinons comment la pandémie de coronavirus a affecté ces niveaux de dépenses :

Dépenses d'annonces en ligne pendant la crise COVID-19
Compressions budgétaires et écarts croissants

Il est clair d'après nos données que la crise du coronavirus a eu des répercussions sur les dépenses mondiales en publicité n...

En comparant les données yoy pour les mois de la pandémie (2019 par rapport à 2020), nous avons remarqué que presque tout le monde, des petits a grands annonceurs, a réduit les budgets publicitaires en ligne de 20 % en moyenne.

Initialement, ces dépenses de plus d'un million de dollars par mois en publicités en ligne hésitaient davantage à faire des réductions importantes, mais en juin 2020, tous les annonceurs avaient commencé à afficher une plus faible confiance dans les dépenses publicitaires numériques.

(Manqué) Possibilités

Avec la baisse des dépenses publicitaires, les coûts de la publicité en ligne sont également à la baisse.

En raison de la pandémie, la plupart des secteurs du commerce électronique ont connu une baisse du coût moyen par clic (CPC), ce qui pourrait signifier que les annonceurs peuvent obtenir plus de valeur de chaque dollar qu'ils dépensent.

Cette opportunité n'est pas cohérente dans toutes les industries du commerce électronique - un aperçu plus détaillé des dépenses d'annonces numériques pendant la crise COVID-19 et un regard sur les données spécifiques à l'industrie peuvent être trouvés dans notre blog récent.

Déclencheurs émotionnels et CTAs dans les annonces de commerce électronique

Trouver le bon déclencheur émotionnel pour encourager les utilisateurs à cliquer sur une annonce est souvent la différence entre une campagne publicitaire réussie et une campagne publicitaire ratée.

Des exemples comme « Livraison gratuite », « Retours gratuits » et « Expédition disponible » dominent le paysage de l'OTC dans les annonces de commerce électronique; nos recherches ont montré que 32% de toutes les annonces mettent l'accent sur la livraison gratuite.

Ce message est de plus en plus populaire à l'époque du coronavirus, car les consommateurs se tournent de plus en plus vers les achats en ligne pour des articles qu'ils n'auraient peut-être jamais achetés en ligne.

Toutefois, une approche universelle ne la coupera pas pour les campagnes publicitaires en ligne, car chaque industrie a ses propres particularités :

- *Les annonces sur la santé* et la beauté et la *maison* et le jardin mettent souvent en évidence les facteurs d'exclusivité des CTA comme l'« édition limitée » ;
- La messagerie de qualité est une grosse affaire pour des secteurs *comme Pets* (« vétérinaire recommandé ») et *Consumer Electronics* (« confiance depuis », « usine autorisée », « concessionnaire autorisé »); Et
- *Les annonces sport et* plein air *et* mode comportent souvent des indicateurs urgents et de nouveauté dans les CTA, avec des exemples de « nouveaux arrivants », de « shop latest» et de « shop new » présents dans 26 % de toutes les annonces analysées dans ces industries.

Demande des consommateurs dans le commerce électronique

Ici, nos recherches portent sur les tendances de la demande des consommateurs et sur la façon dont elles évoluent à la suite d'événements mondiaux.

Produits les plus populaires dans différentes catégories

Les données mensuelles moyennes sur le volume de recherche du S1 2019 au S1 2020 révèlent des changements intéressants.

Les appels du Dr Fauci pour se laver les mains toutes les deux heures ont eu un impact.

Le lavage des mains s'est fait au top 5 des produits les plus recherchés dans *le secteur de* la santé cette année - avec des recherches mensuelles moyennes au premier semestre 2020 à 638 400 dans le monde (contre 74 000 à la même période de l'année dernière).

Fait intéressant, le reste des 5 principaux produits *de santé* restent similaires YoY, de sorte que ce changement est clairement liée à la pandémie.

Avec de plus en plus de personnes travaillant à domicile, *les recherches de webcams* (3 045 000 au S1 2020 contre 1 000 000 en 2019) ont remplacé celles des drones dans notre *analyse* YoY des produits les plus recherchés de la catégorie *Électronique* grand public.

Home and Garden indique également certains changements dans l'intérêt des consommateurs vers la transformation des maisons en lieux de travail, comme *chaise de* bureau (1.254.000 contre 417.200) recherches dépassé ceux pour *les matelas*.

Les recherches dans d'autres industries sont demeurées plus cohérentes entre ces deux périodes.

PARTI 2 : Produits les plus populaires dans les achats en ligne pendant la pandémie

Certains produits ont connu un pic remarquable dans les recherches en ligne pendant la pandémie. Nous avons examiné les éléments qui ont démontré les plus fortes croissances yoy dans les recherches dans toutes les catégories de commerce électronique pendant le pic de l'épidémie de coronavirus (mars-avril 2020 par rapport à la même période en 2019):

Hygiène des mains

L'augmentation de la demande de désinfectants pour les mains pendant la pandémie est à prévoir, mais les chiffres sont étonnants: les recherches en ligne *pour le gel pour* les mains ont augmenté de 19,038%:

Activités de plein air

Avec une grande proportion de la population passant plus de temps à la maison que d'habitude, les articles à domicile ont gagné une certaine traction dans l'espace d'achat en ligne.

Les chaises de jardin *et les jouets* de plein air ont presque triplé et quadruplé respectivement, tandis que les articles de sport comme les vêtements de *course* pour hommes (+164 %) et *tapis de yoga* (+323%) ont également été à la hausse.

Un regard plus détaillé sur l'évolution de la demande des consommateurs pendant la pandémie peut être pris dansnotre blogue.

Entreprises de commerce électronique : s'adapter à la nouvelle normalité

De nombreuses entreprises ont navigué dans l'inconnu à cause de la pandémie de coronavirus, que les consommateurs et le marché dans son ensemble se sont déplacés dans une nouvelle réalité des comportements d'achat en ligne.

Ici, nous allons jeter un oeil à ce que les entreprises de commerce électronique peuvent faire pour prendre des décisions de marketing axées sur les données pour lutter pour leurs parts de marchés remodelés.

Plateformes de commerce électronique haut de gamme

À la suite de la pandémie covid-19, de nombreuses entreprises qui ne vendaient pas auparavant en ligne ou qui avaient une présence limitée en ligne se sont tournées vers des plateformes qui fournissaient des solutions rapides pour la construction de magasins en ligne.

En mars 2020, Shopify a connu un afflux de plus de 7,3 millions de visites sur place par rapport au mois précédent. Le trafic global de Shopify au premier trimestre 2020 a augmenté globalement de 29% yoy avec des recherches pour « shopify free trial'" en croissance de 89% au cours du mois.

La création d'une boutique en ligne n'est qu'une partie du défi. S'assurer qu'il attire un trafic qualifié, convertit les visiteurs en clients et rivalise avec la concurrence est essentiel à son succès.

Un plan d'action pour les entreprises de commerce électronique

Après avoir analysé l'« apocalypse de la vente au détail » en Australie où d'importants magasins de briques et de mortier se sont effondrés pendant la pandémie, nous avons identifié certains domaines clés que les nouveaux venus dans la course au commerce électronique devraient considérer.

- Augmentation du volume de trafic : Obtenir suffisamment de volume de trafic est essentiel dans les moments où les clients sont pauvres en fonds, chassent les bonnes affaires et de plus en plus enclins à rechercher des articles en ligne avant de faire un achat;
- Optimisation des recherches de marque : La sensibilisation à la marque et la lutte contre la recherche de marque peuvent aider à concurrencer les grands agrégateurs; Et
- Ciblage du trafic payant : L'allocation de budgets à Google Ads et le lancement de campagnes publicitaires en ligne efficaces peuvent renforcer la reconnaissance de la marque et attirer les visiteurs du site qui dépenseront plus tard en ligne ou hors ligne.

Les cas australiens de Jeanswest, Bardot et Colette ont révélé trois étapes que les marques de commerce électronique nouvellement établies et de longue date devraient prendre pour éviter un sort similaire :

#1. Analyser les stratégies et le trafic des concurrents

La vérification des stratégies des concurrents est la première étape essentielle pour construire et améliorer la présence en ligne de toute marque.

De même, le rapport concurrents de l'outil de recherche publicitaire p... le nombre de mots clés sur les marques concurrentes et le mon... dépensent pour les annonces en ligne.

#2. Déterminer où les concurrents gagnent

Après avoir identifié les concurrents les plus forts, vous p... profondément dans leurs stratégies réelles avec nous.

L'outil Keyword Gap peut révéler quelle marque a une présence organique plus forte en évaluant exactement pour quels mots clés organiques ils se classent et qu'ils n'ont pas dans les REER.

Cela peut aider les entreprises de commerce électronique à identifier les possibilités de cibler de nouveaux mots clés qu'elles ont auparavant négligés et d'améliorer leurs performances organiques en conséquence.

Une logique similaire s'applique à la recherche payante. L'outil Keyword Gap montre également les mots clés que les marques concurrentes enchérissent, de sorte qu'en les associant aux volumes de recherche et en définissant les « nouveaux » mots clés à traiter avec les campagnes publicitaires, les entreprises peuvent être en mesure de gagner une part de trafic d'autres marques concurrentes.

Conseil pro : L'appel d'offres sur les mots clés de marque des concurrents est autorisé tant que leur marque n'est pas mentionnée, ce qui pourrait présenter une excellente occasion de faire tourner la tête de leurs clients.

#3. Contenu d'artisanat qui résonne

Les mots clés nouvellement découverts de l'étape précédente devraient ensuite être intégrés dans les titres, les descriptions de produits et la copie corporelle

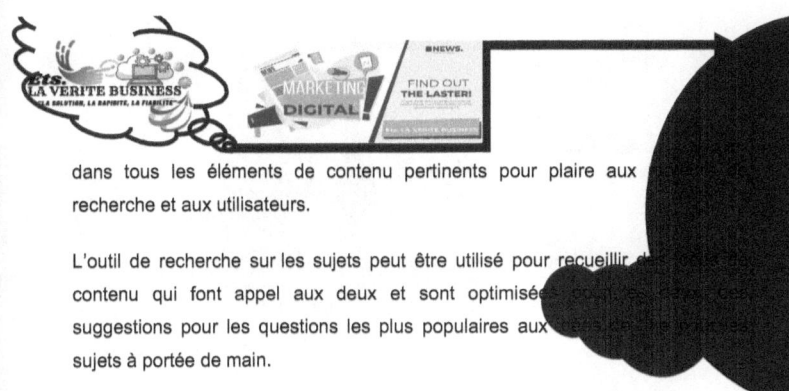

dans tous les éléments de contenu pertinents pour plaire aux moteurs de recherche et aux utilisateurs.

L'outil de recherche sur les sujets peut être utilisé pour recueillir des idées de contenu qui font appel aux deux et sont optimisées pour les deux. Des suggestions pour les questions les plus populaires aux idées de mots-clés aux sujets à portée de main.

Quand il s'agit d'écrire copie pour la recherche payante, il est également possible de rechercher les campagnes passées des concurrents pour glaner un aperçu pour les annonces fraîches tout à fait.

PARTI 3 : Le marketing numérique dans un monde post-COVID-19

La pandémie du COVID-19 a non seulement accéléré certaines des tendances que nous avons observées dans le marketing numérique auparavant, et elle a également entraîné des changements inattendus.

Nos recherches ont révélé que les changements se sont produits si rapidement que de nombreuses entreprises n'ont pas réussi à s'adapter à la « nouvelle normalité », comme ce fut le cas avec le récent drame de la vente au détail en Australie. Aucune entreprise de brique et de mortier ne peut se permettre de

rester hors ligne si ses concurrents font déjà un terrain importan[t] concerne la part de marché en ligne.

Percer dans le commerce électronique et développer le genre de [...] ligne nécessaire pour réussir n'est pas un mince exploi[t ...] question de choix maintenant dans un paysage concurr[entiel ...] changé pour toujours.

Grâce à une solide stratégie de référencement, de PPC et de contenu axée sur les données et aux principales leçons tirées des chefs de file de l'industrie, les entreprises peuvent se préparer non seulement à rester à flot, mais aussi à être plus résistantes à tout changement qui pourrait l'être.

CHAP 2 : ANALYSE DE MARCHE :

6 étapes pour élaborer une stratégie marketing infaillible

Dans un contexte de forte concurrence et d'évolution constante des technologies et des tendances, les données et les informations constituent une arme puissante pour aider les entreprises à s'orienter sur le marché.

Mais il n'est pas toujours évident de savoir où recueillir des informations sur le marché pour éclairer vos stratégies de vente, de développement commercial et de marketing.

Cet article va vous guider à travers les principales étapes et techniques de l'analyse de marché pour que vous puissiez saisir les opportunités vitales qui peuvent faire passer votre entreprise au niveau supérieur et vous aider à prendre un avantage sur la concurrence.

- Qu'est-ce qu'une analyse de marché ?
- Pourquoi les entreprises doivent-elles procéder à une analyse de marché ?

- Techniques d'analyse de marché pour construire une stratégie marketing solide
    - Analyse de marché - Étape #1 : définir les objectifs commerciaux
    - Analyse de marché - Étape #2 : évaluer la taille du marché
    - Analyse de marché - Étape #3 : identifier les tendances du marché et le taux de croissance
    - Analyse de marché - Étape #4 : connaître de façon approfondie les concurrents
    - Analyse de marché - Étape #5 : identifier les bonnes données démographiques
    - Analyse de marché - Étape #6 : considérer les facteurs internes et externes
- Pour terminer

Qu'est-ce qu'une analyse de marché ?

L'analyse de marché est une procédure d'évaluation et d'identification de divers facteurs et conditions internes et externes d'un marché dans une niche spécifique.

De manière générale, les principales informations tirées de l'analyse du marché permettent de :

- Évaluer la taille du marché ;
- Identifier les tendances de croissance ;
- Définir et connaître l'audience cible ;
- Examiner en profondeur le paysage concurrentiel ; et
- Identifier les objectifs commerciaux.

Pourquoi les entreprises doivent-elles procéder à une analyse de marché ?

La réalisation d'études de marché permet aux entreprises de se tenir informées des dernières tendances du marché, des habitudes d'achat de leur audience, de l'évolution des technologies et de l'activité des concurrents. Pour être plus précis, cela permet aux entreprises de découvrir :

- **Quels produits et services sont déjà populaires** dans votre marché cible ;
- **Quels concurrents** emploient **les mix marketing les plus efficaces** pour offrir ces produits et services ;
- S'il existe des **lacunes ou des opportunités dans votre niche** qui vous permettront d'affiner vos produits et services et d'obtenir une part de l'attention des clients ;
- Quels **autres facteurs**, hormis la concurrence et la demande, **peuvent avoir une incidence sur la réussite ou l'échec de votre entreprise.**

En plus de ces avantages, l'étude de marché fournit une approche basée sur des données pour créer un plan réaliste et efficace en vue de meilleures décisions et stratégies, aussi bien sur le plan commercial que sur celui du marketing.

PARTI 1 : Techniques d'analyse de marché pour construire une stratégie marketing solide

Analyse de marché - Étape #1 : définir les objectifs commerciaux

Il existe de nombreuses façons d'atteindre ses buts commerciaux. Votre entreprise a sans doute déjà une bonne compréhension de ses objectifs commerciaux.

Puisque nous parlons d'approches d'analyse de marché basées sur les données, nous avons choisi l'analyse des facteurs clés de succès comme tactique "non classique" que vous n'auriez peut-être pas envisagée auparavant.

Technique des facteurs clés de succès (FCS)

En un mot, l'analyse des FCS est une technique qu'une entreprise peut utiliser pour identifier les points essentiels permettant de remplir la mission et les objectifs de l'entreprise.

Bien sûr, les FCS varient d'une entreprise à l'autre, mais on peut observer quelques tendances communes. En général, les sources des FCS se rapportent à l'une des catégories suivantes :

- **FCS du secteur** : facteurs qui dérivent des caractéristiques du secteur. Les avancées technologiques ou les modèles commerciaux de pointe font partie de ce type de FCS.

Par exemple, pour créer le premier avion supersonique, le Concorde, des ingénieurs aéronautiques ont dû s'appuyer sur des ingénieurs du design, qui ont proposé de nouveaux projets pour l'aile. Sans l'aile en double delta, l'avion n'aurait jamais décollé.

- **FCS de la stratégie concurrentielle et de la position du secteur :** en fonction de l'activité des concurrents et des facteurs organisationnels internes tels que la structure du management, les données démographiques des clients, la taille de l'entreprise, etc., chaque entreprise définira ses propres facteurs de réussite par rapport à ses concurrents et à l'ensemble du secteur.

  Nous couvrirons cette partie dans les prochaines étapes.

- **FCS environnementaux :** les facteurs environnementaux concernent l'environnement externe auquel votre entreprise appartient. Une rapide analyse des facteurs PEST (politiques, économiques, sociaux, et technologiques) suffira ici à déterminer vos FCS.

  MindTools propose une feuille de calcul pratique pour documenter les résultats de votre analyse PEST.

- **FCS temporaires :** ces facteurs ponctuels sont souvent le résultat d'un événement soudain ou temporaire - une pandémie mondiale ou une nouvelle expansion du marché qui oblige les entreprises à recruter de nouveaux employés, à passer au numérique, etc..

L'évaluation de tous ces facteurs peut aider votre entreprise à prioriser ses efforts et à suivre et mesurer les progrès accomplis dans la réalisation de vos objectifs stratégiques.

PARTI 2 : Comment l'analyse des FCS fonctionne-t-elle dans la vie réelle ?
Examinons un scénario fictif :

Dans les années 1950, l'entreprise X voulait emmener
lune : c'était la mission de l'entreprise. Et pour définir e
commerciaux précis, l'entreprise X a pu utiliser une tactique FCS.

Voici comment l'analyse des facteurs de succès pourrait aider notre entreprise X à définir ses objectifs :

Techniques supplémentaires pour définir les objectifs commerciaux :

- Le Business Model Canvas peut vous fournir une vue d'ensemble de votre activité - des principaux partenaires à la structure des coûts - afin de consolider les idées d'amélioration de votre business model.
- La bonne vieille méthode des objectifs SMART vous aidera à définir les bons critères pour améliorer la probabilité d'atteindre vos objectifs commerciaux.

Analyse de marché - Étape #2 : évaluer la taille du marché

La taille du marché est liée au nombre de personnes ou d'entreprises qui peuvent être comptées comme acheteurs potentiels d'un produit ou d'un service donné. L'évaluation de la taille du marché peut vous donner une estimation de la taille de l'audience, du volume des ventes potentielles et de la source de revenus.

Il existe différentes méthodes de mesure, mais nous allons vous présenter deux approches différentes que vous pouvez adopter en fonction de votre budget, de la taille/du type d'entreprise et des spécificités de votre secteur.

Rapports du secteur/gouvernement

Les entreprises d'informations, de données et de comme Gartner, Nielsen et Statista sont des sources inestim renseignements approfondis sur le marché.

Mais si les rapports de ces entreprises sont faciles d'accès que d'un téléchargement -, leur prix a tendance à être peu abordab rend moins accessibles au grand public.

Les rapports des associations industrielles et commerciales et les données financières publiées par les grands concurrents cotés en bourse peuvent eux aussi inclure des chiffres sur la taille du marché.

La suite de veille concurrentielle la plus fiable, peut fournir de grandes informations en temps réel sur le marché, y compris une évaluation de sa taille et des principales dynamiques du marché. Ce dernier point est important car les rapports du secteur sont souvent publiés avec un décalage dans le temps, et le timing est essentiel pour repérer les fluctuations du secteur et tout signe indiquant l'arrivée de nouveaux acteurs qui risquent de changer la donne.

Pour poursuivre sur notre thème de l'espace, imaginons qu'une société nommée SpaceY veuille entrer sur le marché et battre SpaceX d'Elon Musk dans ses efforts pour privatiser l'industrie spatiale.

L'outil Market Explorer estimera la taille globale du marché pour une niche particulière en fonction des tendances du trafic en ligne :

La base de l'audience globale qui s'intéresse au secteur semble être en constante augmentation, avec des pics d'intérêt spécifiques en mai 2020 lorsque CrewDragon a réalisé son lancement historique.

L'outil Analyse du trafic révèle que le lancement réussi de SpaceX a également affecté la taille du marché de ses concurrents, doublant l'intérêt porté par l'audience pour les acteurs clés du secteur :

L'outil Market Explorer vous donnera également une répartition de la provenance de votre audience cible, en précisant la part de chaque source de trafic - direct, référent, social, payant ou de recherche.

Ces informations peuvent éclairer votre stratégie marketing, vous aider à prioriser vos efforts et à vous concentrer sur les canaux marketing qui peuvent potentiellement accroître votre part de marché.

Analyse de marché - Étape #3 : identifier les tendances du marché et le taux de croissance

L'identification de la taille du marché ne se fait pas une fois pour toutes, car elle n'est jamais constante.

La croissance et les tendances du marché sont des étapes essentielles à réexaminer régulièrement pour prendre des mesures opportunes et affiner vos stratégies commerciales et marketing en conséquence.

Qu'est-ce qu'une tendance de croissance du marché ?

La croissance du marché fait référence à une augmentation de la taille du marché ou des ventes globales dans une niche donnée pendant une certaine période.

Vous devez tenir compte des tendances de croissance du marché dans votre processus d'analyse du marché afin de comprendre à quelle vitesse le marché se développe, quel est son potentiel de croissance et s'il est généralement en hausse ou en déclin.

Comment mesurer les tendances de croissance du marché ?

Pour estimer la croissance du marché, vous pouvez examiner des indicateurs tels que la tendance du secteur en glissement annuel, l'évolution du nombre de clients et le nombre d'achats complets par client (données des rapports internes ou du secteur uniquement).

Nous attirons maintenant votre attention sur une technique très utilisée qui vous aide à rassembler toutes les données pour obtenir des informations exploitables pour votre entreprise.

Matrice Boston Consulting Group et l'outil Market Explorer

Développée en 1968, la matrice BCG est une structure qui aide les grandes entreprises à gérer leur portefeuille et à prioriser les budgets et les opérations sur plusieurs unités commerciales en fonction de la croissance du marché et du nombre de parts de marché.

Cela dit, la matrice BCG peut être utilisée par toute entreprise, petite ou grande, car sa logique peut être appliquée à la priorisation des segments de clientèle, des produits, des services, des canaux de marketing, des marchés (GEO) et des marques.

Nous utiliserons également l'outil Market Explorer de Semrush afin de rassembler toutes les données de marché nécessaires pour construire une matrice BCG

pour Elon Musk, qui voudrait savoir, par exemple, s'il doit prioriser que SpaceX, SolarCity ou OpenAI.

Note annexe : Bien sûr, avec des entreprises comme Tesla qui sont bourse, nous pouvons nous fier à leurs rapports ann mesures. Quant aux entreprises comme OpenAI, nous ne que sur des outils externes qui recueillent diverses données repérer et interpréter certaines tendances.

Dans le cas de Market Explorer, les chiffres de croissance du trafic peuvent potentiellement indiquer un intérêt croissant pour la catégorie produit/activité, et la part de trafic peut impliquer une part de marché.

CHAP 3 : BOOSTEZ VOTRE ACTIVITE

Découvrir maintenant

PARTI 1 : CONSTRUIRE UNE MATRICE BOSTON CONSULTING GROUP

1. Rassemblez toutes les données nécessaires sur la croissance du marché et les parts de marché

Dans un premier temps, vous devrez recueillir des données sur v   rt   marché et le taux de croissance de vos produits/unités de clientèle, etc.

Avec l'aide de Market Explorer, nous pouvons constater que su   l'aérospatiale, SpaceX a connu une croissance du trafic de 380% en glissement annuel :

SpaceX arrive également en deuxième position en termes de part de trafic (marché), derrière la NASA. Comme il s'agit d'un acteur relativement nouveau dans le secteur - comparé à la NASA - on peut dire que les choses se présentent bien pour SpaceX.

En analysant Tesla, SolarCity et OpenAI avec l'outil, nous avons découvert que :

- Sur le marché des véhicules électriques, le trafic de Tesla a augmenté de 20% en glissement annuel, alors qu'il occupe la première place en termes de part de trafic dans le monde.
- SolarCity (qui fait maintenant partie de Tesla - Solar Panels) a pu constater un double déclin de son taux de trafic, mais il détient toujours une grande part de marché, étant le deuxième site de panneaux solaires le plus visité.
- Quant au marché de la recherche en IA, le trafic en glissement annuel d'OpenAI d'Elon Musk a quadruplé, et pourtant il ne figure même pas dans le top 20 des sites les plus visités.

2. Appliquez les données à la matrice BCG et priorisez vos efforts commerciaux et marketing en conséquence

La ligne horizontale de la matrice BCG représente la part de marché [...] verticale indique le taux de croissance. Ce que nous dev[...] c'est placer chacun de nos éléments de recherche [...] reflétant leur position en termes de part de marché et de cro[...]

La définition du BCG pour les termes dans la matrice sont :

- Les animaux domestiques représentent des articles ayant à la fois un faible taux de croissance et une faible part de marché ;
- Le point d'interrogation désigne les produits ayant une petite part de marché mais avec un taux de croissance élevé ;
- Les étoiles indiquent qu'un produit a une part de marché élevée et un taux de croissance rapide ;
- Les vaches à lait sont des entreprises dont les parts de marché sont élevées mais dont les perspectives de croissance sont plus faibles.

Il ne sera pas toujours évident de savoir dans quelle case vos produits ou objets de recherche doivent se trouver.

Pourtant, si l'on examine chacun d'eux par rapport aux autres, on peut voir que Tesla est la vache à lait de Musk, SpaceX est une étoile, OpenAI appartient à la catégorie du point d'interrogation et SolarCity peut être considéré comme un animal de compagnie.

Techniques supplémentaires pour déterminer les tendances du [marché] le taux de croissance :

- Le modèle des trois horizons de croissance de McKinsey aide les [entreprises à] gérer leur performance actuelle tout en gardant un [œil sur les opportunités] d'innovation et de croissance.

- Le modèle des expériences de croissance d'Airtable offre une structure pour mener des expériences de croissance qui peuvent potentiellement développer votre entreprise.

Analyse de marché - Étape #4 : connaître de façon approfondie les concurrents

Pour avoir un avantage sur vos concurrents, vous devez comprendre votre paysage concurrentiel et trouver la meilleure place pour votre marque sur le marché.

L'analyse des cinq forces de Porter offre une base solide pour analyser non seulement les concurrents mais aussi les facteurs qui affectent la concurrence : des nouveaux entrants aux rivaux existants, en passant par les produits et services supplémentaires que vous n'avez peut-être pas envisagés.

Analyse des cinq forces de Porter

L'analyse des cinq forces de Porter évalue les opportunités et les risques en se basant sur cinq facteurs essentiels du secteur :

- L'intensité du paysage concurrentiel ;
- Le niveau de puissance du fournisseur ;
- Les frais d'entrée/sortie de l'acheteur ;

- La menace des produits de substitution ;
- L'accès au marché pour les nouveaux entrants.

L'intensité du paysage concurrentiel

La première chose à vérifier est le niveau d'intensité de la concurrence dans votre niche. Les principales informations que vous devez retenir à ce stade sont :

- Le niveau de concurrence sur le marché ;
- Concurrents principaux ;
- Une compréhension claire de votre stratégie concurrentielle.

En adoptant une approche basée sur des données, nous utiliserons à nouveau l'outil Market Explorer pour obtenir une vue d'ensemble du paysage concurrentiel de SpaceX.

Nous n'avons sélectionné que le top 10 des concurrents pour le graphique. Vous pouvez toujours aller plus loin et jeter un œil sur plus de rivaux. Mais pour un examen approfondi, il est toujours préférable de réduire le champ de la recherche.

Dans le secteur de l'aérospatial, SpaceX n'aura pas trop de concurrents directs, ne serait-ce que parce que la barre d'entrée est très haute, avec des coûts fixes élevés, des réglementations gouvernementales, etc. Pourtant, pour la plupart des secteurs, l'examen de l'éventail de la concurrence et de son intensité est un bon point de départ pour une analyse solide du marché.

Ensuite, vous devez vérifier si vous partagez une audience similaire avec vos concurrents : vous avez peut-être le même produit mais visez une clientèle très différente.

Ayant découvert que la NASA et Boeing sont les principaux concurrents de SpaceX, nous examinerons les trois entreprises à travers le rapport Renseignements sur l'audience d'Analyse du trafic pour voir si les audiences correspondent.

On constate que Boeing et SpaceX/NASA n'ont pratiquement pas de chevauchement d'audience, ce qui s'explique par le fait que Boeing possède d'autres unités commerciales (l'aviation, par exemple), alors que la forte adéquation entre la NASA et SpaceX ne devrait pas nous surprendre.

L'analyse de l'audience, en plus d'une simple analyse de la concurrence, indique les opportunités et les menaces qui peuvent dériver de vos concurrents.

Si vous attirez différents types de clients, vous êtes moins menaçants les uns pour les autres, ce qui ne vous empêche pas de chercher des idées pour cibler les consommateurs de vos rivaux.

Cet article vous guidera dans l'élaboration d'une stratégie marketing plus efficace pour attirer les audiences des concurrents.

Niveau de puissance du fournisseur

En ligne ou hors ligne, les entreprises dépendent fortement d'autres entreprises dans leurs opérations. Ce facteur examine le pouvoir qu'un fournisseur pourrait exercer sur votre entreprise.

Vos services d'approvisionnement, de sécurité et autres disposent d'[...] sur les facteurs suivants, dont vous devrez tenir compte pour évalue[...] d'une dépendance excessive à l'égard des fournisseurs :

- Le nombre de fournisseurs sur le march[...] DDoS aux aciéries) ;
- L'éventail des fournisseurs existants : plus vous réus[...] procurer de fournisseurs de secours, plus votre entreprise aura un pouvoir de négociation important ;
- Les coûts pour passer à d'autres fournisseurs - du recâblage de tout le matériel à l'établissement de nouvelles chaînes d'approvisionnement, vous devez tenir compte de tous les facteurs et dépenses.

Frais d'entrée/sortie de l'acheteur

Aujourd'hui, les consommateurs peuvent eux aussi avoir un certain pouvoir de négociation sur votre entreprise. Même si cela peut sembler être un facteur axé sur le client, vous devriez examiner une fois de plus votre paysage concurrentiel pour déterminer les coûts d'entrée et de sortie de l'acheteur.

La taille de l'audience globale, le nombre de concurrents, leurs prix et les facteurs de qualité seront importants lorsque vous élaborerez ou remanierez vos stratégies commerciales et marketing.

Cet article vous aidera à trouver les bonnes tactiques qui vous permettront de :

- Analyser les performances globales de vos concurrents en ligne ;

- Découvrir leurs stratégies publicitaires en ligne ;
- Identifier les stratégies de vos rivaux en matière contenu et de relations publiques ;
- Découvrir leur activité sur les réseaux

La menace des produits de substitution

En plus de garder un œil sur les concurrents et leurs stratégies marketing, vous devez savoir que vous pourriez aussi être en concurrence avec des produits de substitution.

Un concurrent indirect peut avoir un impact sur votre rentabilité dans la mesure où vos clients changent de produit ou de service.

Normalement, un produit de substitution constitue une menace si :

- Il coûte moins cher tout en ayant une fonction ou une qualité similaire.
- Il a un prix similaire mais est de meilleure qualité ou plus fonctionnel.

Accès au marché pour les nouveaux entrants

- Ce facteur tient compte de la facilité ou de la difficulté d'entrer sur le marché pour les marques émergentes. Même si votre analyse de marché vous donne entière satisfaction, ce facteur exige une surveillance continue du marché.

Alors que la position de SpaceX est assez stable, des concurrents asiatiques comme Interstellar Technologies peuvent constituer une menace dans les années à venir.

Mais si vous n'êtes pas dans l'aérospatiale ou dans une autre niche [...] pénétrer, vous devez examiner les obstacles à l'entrée sur le marché [...] fréquence de votre surveillance du marché en conséquence : p[...] d'entrée est basse, plus la fréquence de surveillance doit [...]

Voici un exemple de l'analyse des cinq forces de Porter :

Des outils comme Tuzzit ou Upboard.io ont des modèles prédéfinis qui peuvent être remplis en fonction de vos idées sur les facteurs qui influent sur vos stratégies commerciales et marketing.

Technique supplémentaire pour l'analyse du paysage concurrentiel :

- La cartographie perceptuelle de la concurrence peut vous aider à évaluer la façon dont les clients perçoivent un certain produit/service et à déterminer les forces/faiblesses à travers la comparaison des marques dans une niche donnée.

Analyse de marché - Étape #5 : identifier les bonnes données démographiques

Pour définir le bon client, il faut commencer par des éléments de base tels que les caractéristiques géographiques, démographiques, psychographiques, et autres. Fondamentalement, il s'agit de tout ce qui a trait à la description du profil d'acheteur (buyer persona).

Une fois que vous avez défini la personnalité de l'acheteur, vous devez commencer à segmenter votre public cible en fonction de besoins similaires ou de caractéristiques de la demande afin d'offrir une expérience client sur mesure et plus ciblée.

Définition du Buyer Persona

La recherche du Buyer Persona est un processus approfondi qui comprendre qui sont vos clients cibles et comment les atteindre.

Pour l'essentiel, ce personnage fictif doit présenter les caractéristiques suivantes :

Cet article vous guidera tout au long du processus de création du buyer persona. Il vous indiquera où recueillir vos données et vous fournira un modèle que vous pourrez utiliser pour remplir tous les détails.

Le programme de Hooley : l'attrait du segment et la force des ressources

Maintenant, une fois que vous avez identifié toutes les buyerpersonas imaginables, vous devez répartir vos clients en segments distincts pour adapter des messages plus pertinents, résoudre différents problèmes et proposer différentes caractéristiques de produits.

Vous pouvez diviser vos clients comme vous le souhaitez, mais voici les principaux critères de segmentation de la clientèle largement utilisés dans les différentes entreprises :

- **Géographique** : pays/ville, environnement urbain/rural, etc.
- **Démographique** : âge, religion, sexe, revenu, type socio-économique, éducation, taille de la famille, situation familiale.
- **Psychographique** : style de vie, intérêts, hobbies, opinions, influenceurs.

- **Comportemental** : stade du parcours client, caractéristiques de fidélisation à la marque, sensibilité au prix, style d'achat, taux d'utilisation.
- **Média** : préférences pour médias sociaux/ televiseurs, moteurs de recherche.
- **Avantage** : service client, qualité, et autres attentes spécifiques.

En utilisant le modèle de Hooley (attractivité du segment et force de la ressource), vous pouvez évaluer l'attrait de chaque segment de marché avant de définir vos priorités en matière de budget, de ressources humaines, de produits ou d'autres facteurs limitatifs.

Créez une matrice similaire à la BCG utilisée précédemment : avec l'attrait du segment de marché reflété dans la ligne verticale, et la ligne horizontale indiquant les capacités de vos ressources :

Il ne vous reste plus qu'à déterminer à quelles cases de votre matrice correspondent les divers segments de clientèle.

Analyse de marché - Étape #6 : considérer les facteurs internes et externes

Les étapes que vous avez franchies pour effectuer une analyse de marché devraient avoir permis de découvrir un large éventail d'éléments à prendre en compte avant de finaliser vos plans et stratégies de business, vente et marketing.

La toute dernière étape consiste à rassembler vos découvertes et à les organiser pour évaluer comment :

- Tirer parti de vos avantages ;
- Éliminer vos faiblesses ;
- Saisir les opportunités du marché ; et
- Minimiser l'impact d'une éventuelle menace.

En un mot, vous devez entreprendre une analyse SWOT.

Analyse SWOT

L'analyse SWOT est probablement le type d'analyse stratégique le plus populaire. Il s'agit d'examiner les forces et les faiblesses de votre entreprise tout en restant attentif aux opportunités et aux menaces.

L'avantage de l'analyse SWOT est qu'elle vous donne une vue d'ensemble des facteurs internes et externes qui peuvent affecter vos modèles commerciaux et marketing.

- Pour les **Forces**, répertoriez les caractéristiques de l'entreprise qui vous donnent un avantage concurrentiel.
- Pour les **Faiblesses**, présentez les caractéristiques qui vous placent dans une position de faiblesse par rapport à vos concurrents.
- La case des **Opportunités** doit être remplie avec des informations basées sur des données dont votre entreprise peut se servir pour augmenter ses ventes, accroître sa rentabilité et développer sa part de marché.
- Les **Menaces** sont des éléments à la fois internes et externes qui ont le potentiel d'affecter négativement votre entreprise - de l'arrivée

d'acteurs qui vont changer la donne dans le secteur aux moindres des réglementations gouvernementales.

L'analyse SWOT a beau être assez simple, des outils comme Miro sont utiles ce qu'ils permettent de créer une illustration détaillée de vos informations et intuitions, que vous pouvez partager avec l'ensemble du staff et modifier avec les principaux intervenants.

Technique supplémentaire d'évaluation des risques et des opportunités :

- La planification du scénario peut vous aider à élaborer différentes options plausibles de ce qui peut aller mal ou bien pour votre entreprise, ainsi qu'à identifier les éléments déclencheurs qui indiquent vers quel scénario vous avez le plus de chances de vous diriger.

Pour terminer

Obtenir une compréhension suffisante du marché est une condition préalable à la croissance et à la réussite des entreprises. Sans une connaissance approfondie des caractéristiques et des nuances du marché, vos idées et attentes commerciales auront peu de valeur.

Votre business plan et votre plan de marketing doivent être basés sur une étude de marché, sinon vous risquez de vous retrouver dans la situation des trois constructeurs automobiles de Détroit, qui n'ont pas tenu compte d'autres scénarios que celui du faible prix du carburant et des préférences traditionnelles des clients. Avec l'explosion des prix du carburant et le déplacement de la demande des clients vers des véhicules plus petits, la défaillance du marché des

Trois de Détroit a entraîné la chute de Motor City. Et, selon Forbes, c'est parce qu'ils n'ont pas passé en revue tous les scénarios que l'on peut voir lorsqu'on effectue une étude de marché.

Comment estimer le potentiel d'un marché grâce à une analyse du paysage concurrentiel rapide et rentable

Imaginez que vous puissiez suivre les changements dans votre marché et estimer le potentiel d'un nouveau marché plus rapidement que quiconque dans votre secteur.

Imaginez que vous puissiez vous adapter rapidement aux opportunités naissantes et remodeler le paysage concurrentiel dans votre niche.

Eh bien, vous le pouvez ! Et vous n'avez même pas besoin d'acheter de coûteux rapports analytiques (qu'il faut souvent attendre des mois) à des sociétés de conseil et à des agences d'études de marché.

Pas de temps perdu, pas de ressources gaspillées, et pas d'opportunités manquées, mais des décisions éclairées favorables à votre activité et fondées sur des données réelles.

Examinons les avantages d'une carte détaillée du paysage concurrentiel pour estimer le potentiel de votre marché !

Qu'implique une analyse du paysage concurrentiel ?

Une analyse complète du paysage concurrentiel vous permettra d'aller bien plus loin que vous ne l'auriez fait en gardant un œil attentif sur les activités de vos concurrents et en déterminant comment elles affectent la croissance globale de votre marché.

Elle vous permettra de suivre les changements du marché dans identifier vos concurrents les plus et les moins importants, et opportunités pour pénétrer de nouveaux marchés.

Il y a deux paramètres essentiels qui peuvent

Paramètre #1 : L'audience en ligne de n'importe quelle entreprise

Une estimation de la taille de l'audience en fonction du volume de trafic de son site.

Paramètre #2 : Le taux de croissance de n'importe quelle entreprise

Une estimation de la performance marketing en ligne en fonction de la croissance de son trafic.

Vous pouvez ainsi analyser le paysage de zones qui exigent une recherche plus approfondie.

Il est recommandé de l'affiner à vos 10 plus grands concurrents pour mieux vous concentrer sur l'essentiel. Cela peut se faire automatiquement via Market Explorer, ou manuellement via la fonctionnalité Marché personnalisé, si vous avez besoin de modifier votre Growth Quadrant.

Comprendre les quadrants de votre paysage concurrentiel

Le Growth Quadrant répartit vos concurrents dans 4 zones pour vous aider à analyser le potentiel de votre marché :

Leaders : grande audience en ligne (volume du trafic) et taux de croissance élevé (croissance du trafic)

Ces acteurs attirent une quantité considérable de trafic grâce à des efficaces sur différents canaux et continuent de grandir.

Ce sont ceux qu'il faut surveiller et, dans bien des cas, imiter définissez votre propre stratégie. Mais n'oubliez pas q pas toujours synonyme d'un taux de conversion élevé.

Acteurs établis : grande audience en ligne mais taux de croissance faible

Ces acteurs ont consolidé leurs positions sur le marché avec des niveaux de couverture élevés, mais leur taux de croissance n'est pas aussi important que les leaders.

Il vaut la peine de les étudier pour déterminer comment ils sont parvenus à construire initialement leur audience et, bien sûr, pourquoi leur croissance peut avoir baissé.

Game Changers : audience en ligne plus petite et taux de croissance élevé

Ces acteurs reçoivent des niveaux de trafic moins importants, mais ils se développent à un taux plus élevé que la moyenne du marché ; ils prennent souvent la forme de start-up avec un financement conséquent et des investissements dynamiques.

Ils doivent être analysés pour comprendre la demande fluctuante des consommateurs dans un nouveau marché en se basant sur l'augmentation ou de la diminution du volume de trafic et de la croissance de trafic de ces acteurs au fil du temps.

Acteurs de niche : audience en ligne plus petite et taux de croissance faible

Ces acteurs reçoivent des niveaux de trafic moins importants et ne grandissent pas à un taux significatif, ce qui peut vouloir dire que ce sont des entreprises locales, d'anciennes entreprises en fin de course ou de nouvelles entreprises cherchant à s'acclimater (ou non, si le marché sélectionné n'est pas celui dans lequel où ils sont actifs).

Ce quadrant doit être analysé si la concurrence paraît grande et la croissance du trafic transforme certains acteurs de niche en "gamechangers" au fil du temps.

Cela peut indiquer que les consommateurs cibles ont un bon appétit pour l'offre proposée, et que certains acteurs en tirent profit avec des techniques de marketing adaptés.

Il peut néanmoins y avoir des lacunes à combler s'il n'y a pas beaucoup de chevauchement entre les audiences de ces acteurs.

C'est le cas par exemple d'un produit ou service combinant les avantages de deux concurrents séparés attirant deux audiences différentes. Vous avez ainsi la possibilité de vous positionner entre eux et gagner leurs clients.

Ces quadrants doivent être vus comme les grandes lignes de la carte du paysage concurrentiel de votre marché choisi.

Vous remarquerez qu'ils changent d'un pays à l'autre selon la demande et les comportements des consommateurs, comme le top 12 des compagnies aériennes des États-Unis quand elles sont représentées aussi au Canada et au Mexique :

Examinons de plus près le Growth Quadrant pour comprendre comment effectuer une analyse du paysage concurrentiel et évaluer le potentiel du marché.

Ne manquez rien des évolutions du marché

Analysez votre marché

Comment estimer le potentiel du marché

Une chose est d'étudier une carte statique de votre paysage concurrentiel pour voir où se trouve votre concurrence la plus proche.

C'en est une autre de cartographier les mouvements de votre concurrence au fil du temps pour identifier correctement les opportunités, estimer le potentiel, et fixer des repères en conséquence.

L'essentiel pour définir le potentiel du marché est de comprendre comment vous et vos concurrents pouvez passer d'un quadrant à l'autre en fonction des caractéristiques uniques de votre secteur.

Nous vous recommandons de vous occuper d'un quadrant à la fois pour déchiffrer les stratégies des concurrents et identifier les éléments que vous devez approfondir un peu.

1. Leaders : grande audience en ligne + taux de croissance élevé

Les entreprises dans le quadrant "Leaders" sont celles qu'il vous faut étudier en premier.

- Trouvez d'où proviennent leurs hauts niveaux de trafic, et quelles tactiques ils utilisent pour atteindre les clients et susciter leur engagement.
- Vérifiez s'ils ont connu une croissance significative et s'ils ont évolué d'Acteurs établis à Leaders au cours des six derniers mois.

Cela peut être un bon indicateur du changement tactique dans la recherche des menaces constituées par les autres acteurs dans un marché concurrentiel comme les Game Changers.

Dans ce cas, étudiez leurs stratégies individuelles en utilisant des fonctionnalités comme Brand Monitoring, qui vous montre où ils ont été mentionnés dans des endroits comme les forums ou les sites web tiers.

Consultez Analyse du trafic pour comprendre plus précisément d'où viennent leurs clients, et identifier ainsi les zones qui ont pu se révéler fructueuses pour eux récemment.

Vous pouvez aller un cran plus loin s'il y a deux entreprises ou plus dans le quadrant Leaders en comparant leur chevauchement d'audience.

Vous pouvez trouver une audience inexploitée à cibler avec votre propre produit ou service si vous êtes un Acteur de niche ou un Game Changer.

L'exemple ci-dessous met en évidence le marché de la location d'appartements.

Vous verrez que les Leaders logic-immo.com et seloger.com opèrent à des niveaux similaires.

Mais quand vous approfondissez leurs approches stratégiques, il devient clair qu'il y a des différences qui font que le chevauchement d'audience n'est que de 33,83%, ce qui veut dire qu'il y a des canaux qui ne sont pas encore maîtrisés par ces acteurs.

Cela signifie également que la fidélité à la marque peut être un facteur pour 66,17% des clients qui ne prennent pas en compte les concurrents. Mais dans tous les cas, il y a probablement une opportunité à saisir pour un Game changer.

Dans votre propre quadrant, vous pouvez étudier les placements, les campagnes sur les médias sociaux et les backlinks pour voir comment vos concurrents sont devenus des Leaders.

Sinon, vous pouvez examiner les Leaders qui sont tombés dans la catégorie des Acteurs établis durant les 6 derniers mois, car cela peut vouloir dire que leur dépense marketing a chuté et qu'ils ont maximisé le potentiel d'audience sur un canal particulier.

Un nombre élevé d'acteurs performants dans un marché particulier laisse entrevoir deux possibilités :

1. **Une forte demande** : l'astuce consiste ici à identifier les endroits où la demande des consommateurs n'a pas été encore satisfaite et à concevoir une stratégie pour y répondre ;
2. **Un marché saturé** : là, vous devez reconnaître qu'il y a peut-être trop d'acteurs avec de grandes parts du marché pour que cela ne constitue pas un sérieux défi.

Si vous être sûr que votre produit ou service a une USP qui garantit le statut de Leader ou d'Acteur établi, utilisez le Growth Quadrant avec un Marché personnalisé pour commencer à créer votre stratégie Go To Market.

2. Acteurs établis : grande audience en ligne + taux de croissance faible

Les entreprises dans le quadrant des Acteurs établis vous fourniront les meilleures informations sur la maturité d'un marché.

Ce sont celles qui ont développé des parts de voix au fil du temps, creusez un peu plus, vous trouvez les tactiques qui ont fonctionné pour ces concurrents.

Le fait que les Acteurs établis ont des taux de croissance stables, traduit un flux assez constant de trafic, mais qu'ils ne grossissent pas vraiment.

Cela peut être une position confortable, mais elle peut aussi se révéler vraiment vulnérable s'il a des Games changers s'apprêtant à bondir sur les portions d'audience qui ont été négligées.

Si vous vous trouvez dans le quadrant des Acteurs établis, vérifiez les statuts d'investissement des jeunes talents qui pourraient vous détrôner.

Cela peut signifier que vous avez besoin d'accroître votre budget dans certains domaines pour les tenir à distance et conserver vos clients.

Vous devriez vérifier également les statuts des Leaders, au cas où une augmentation de budget similaire vous permettrait de gagner du terrain et leur prendre des clients.

Cela a été le cas pour levi.com et abercrombie.com dans l'exemple ci-dessous. Les deux entreprises ont exploité de façon tactique leurs statuts d'Acteurs établis pour rattraper gapfactory.com dans le quadrant des Leaders au cours d'une période de 6 mois.

Si vous trouvez vos concurrents dans le quadrant des Acteurs établis, effectuez des recherches sur leurs sources de trafic pour comprendre comment ils sont arrivés là.

Déterminez d'où proviennent les visites de leur site et modifiez la votre recherche pour faire apparaître les pointes et les creux

S'ils obtiennent une quantité considérable de trafic direct, ils s'appuient sur la force de leur marque, et ont probablement réduit une grande partie leurs dépenses de marketing de sensibilisation.

La plupart des Acteurs établis ont des budgets plus importants que les autres et maintiendront leur position pendant un certain temps, à moins que la demande des consommateurs baisse ou que la concurrence augmente.

Une chute dans la demande peut les transformer en Acteurs de niche s'ils ne s'adaptent pas, tandis qu'une augmentation du nombre de Game Changers peut pousser à l'action.

PayPal est un exemple de compagnie qui a dominé dans son secteur, mais sa position a été remise en cause par tout un éventail d'Acteurs de niche et de Game Changers.

Si nous cliquons sur la Vue d'ensemble des sources de trafic de PayPal, nous pouvons voir qu'il a renforcé ses efforts marketing en août 2019 et qu'il a connu des augmentations de l'ensemble de son trafic :

Cette activité s'est évidemment réduite durant la nouvelle année, mais elle a contribué à renforcer la position de la compagnie sur le marché en l'élevant dans le quadrant des Leaders.

Si votre quadrant est dominé par des Acteurs établis et des Leaders et qu'ils sont restés inamovibles pendant un moment, cela peut vouloir dire qu'il sera difficile de vous imposer si vous n'avez pas un budget significatif pour vous soutenir.

Vous pouvez effectuer à la place une comparaison entre vous et vos concurrents ayant des niveaux de trafic et de croissance similaires mais des scores supérieurs, lesquels peuvent souvent être trouvés dans les quadrants Acteurs de niche et Game Changers dans les marchés plus matures.

Cela peut vraiment vous aider à construire votre propre Marché personnalisé.

3. Game Changers : faible visibilité en ligne + taux de croissance élevé

Les Game Changers sont souvent extrêmement actifs et utilisent des stratégies marketing agressives, parce qu'ils ont besoin de prouver leur valeur en tant qu'acteurs relativement nouveaux sur des marchés bien établis.

En étudiant ce qu'ils ont bien fait, néanmoins, vous pourrez avoir une idée de la demande pour ces produits ou services dans votre marché choisi.

Prenez comme exemple le marché des plateformes de gestion de projet.

La majorité des concurrents de wrike.com sont des Acteurs de niche et des Game Changers, selon le Growth Quadrant ci-dessous.

C'est toujours le cas quand on descend jusqu'au top 20 des acteurs, et même au top 10.

Quand nous faisons passer la période de 1 an à 6 mois, nous pouvons voir que certains acteurs ont grossi plus rapidement que d'autres pour s'établir fermement comme des Game Changers :

Si vous découvrez que vous êtes un Game Changer dans votre paysage concurrentiel, votre première étape devrait être de démêler les stratégies de génération de trafic des Leaders du marché.

Découvrez quels canaux ils ont maîtrisés, et lesquels ils ont négligés, en examinant leurs sources de trafic et leurs stratégies de diffusion sur les médias sociaux.

Vous trouverez peut-être la possibilité de tirer profit d'une audience négligée ou, bien sûr, d'une audience qui n'a pas été particulièrement intéressé par leur produit ou service offert.

Les quatre acteurs proéminents dans le marché de wrike.com, par exemple, s'appuient beaucoup sur une marque avec de hauts niveaux de trafic direct, mais ils n'investissent pas beaucoup dans les médias sociaux ou la publicité payante.

Une analyse plus approfondie avec des outils comme Recherche publicitaire et Social Media Tracker peut révéler que wrike.com a une excellente opportunité : investir dans la recherche payante et la publicité sur les médias sociaux pour devenir un Leader ou un Acteur établi :

Il y a deux types d'entreprises que vous êtes susceptibles de trouver dans le quadrant des Game Changers :

1. les entreprises qui se sont fait leur nom ailleurs et qui ont décidé de se lancer dans votre marché ;
2. les entreprises nouvelles sur le marché, mais qui ont des fonds financiers significatifs d'investisseurs ou de sociétés mères.

Si leurs niveaux d'investissement sont durables et que les consommateurs sont attirés par leurs offres, elles peuvent devenir des Leaders du marché.

Si leurs stratégies agressives s'affaiblissent et les consomm[...] désintéressent, elles peuvent régresser et devenir des Acteurs de nic[...]

Un nombre important de Game Changers dans le Growth Quadrant [...] un fort potentiel inexploité dans le marché, en particulie[...] notable au fil du temps. Cela peut donc constituer une [...] capitaliser sur la demande croissante des consommateurs.

4. Acteurs de niche : faible visibilité en ligne + taux de croissance faible

La section en bas à gauche du Growth Quadrant peut contenir des entreprises qui se sont lancées récemment dans ce domaine ou qui ont perdu une audience qu'ils avaient autrefois.

Analyser les deux types dans le quadrant des Acteurs de niche peut être éclairant ; les activités du premier peuvent dévoiler les premières étapes d'une stratégie de croissance agressive, tandis que le deuxième peut indiquer l'incapacité à s'adapter à un marché changeant.

L'analyse concurrentielle de ce quadrant peut vous aider à définir les benchmarks que vous devez accomplir pour passer dans le quadrant des Games Changers si vous êtes un nouvel acteur.

Un coup d'œil au paysage du e-commerce de la mode, par exemple, révèle des tactiques intéressantes qui ont transformé des Acteurs de niche en Game Changers. Regardez ce qui arrive à modaoperandi.com et ssense.com quand la période passe de 1 an à 6 mois :

Quand on compare les stratégies de génération de trafic, il est clair que le Leader du marché, zaful.com, dépend plus de la recherche payante et de Facebook que ses rivaux, ce qui indique un gros investissement dans les Facebook Ads.

D'un autre côté, ssense.com se concentre davantage sur la recherche et sur Twitter, tandis que modaoperandi.com se tourne vers les plateformes visuelles comme Pinterest :

La performance comparative dépend évidemment beaucoup du budget, mais l'insuffisance du trafic de modaoperandi.com peut indiquer que la véritable bataille dans ce marché concerne Facebook et Twitter, et pas nécessairement Pinterest.

Pour une recherche plus approfondie, vous pouvez aussi suivre les mentions de taglines particuliers, de noms de marque de compagnie ou de produit pour avoir une meilleure idée du marketing de contenu et du potentiel de RP dans un nouveau marché. Vous pouvez également effectuer une analyse des backlinks pour trouver les sites qui leur donnent des liens.

Analysez les sources de trafic individuelles dans la Boîte à outils de Recherche concurrentielle pour découvrir ce que les Leaders du marché accomplissent avec succès et ce que les Acteurs de niche ne font peut-être pas très bien afin de lancer une analyse détaillée des lacunes.

Les acteurs de niche peuvent donner de nombreuses indications quand vous cherchez à trouver le potentiel de marché d'un produit ou service.

Si la concurrence est forte, la demande des consommateurs a des chances d'être élevée, et l'on se trouve alors face à un marché auquel il vaut probablement la peine de s'attaquer si personne n'a encore trouvé une voix unique.

Si les taux de croissance sont lents et si le trafic est même en déclin pour certains acteurs, cela peut être un signe que la demande des consommateurs n'existe tout simplement pas.

Pour une analyse concurrentielle de marché plus approfondie, e... mouvements, dans le temps long, des acteurs clés dans la ... comprendre combien de temps il a fallu aux Leaders pour atteindre c...

Évaluez combien ils ont dû dépenser et créer pour y pa... estimation avec le budget et les ressources dont vo... attaquer au paysage tel qu'il est.

En quoi ne pas analyser le paysage concurrentiel est dangereux

Si vous négligez l'analyse du paysage concurrentiel pour vous lancer avec succès dans un nouveau marché, les dégâts se feront bientôt sentir partout, de la valeur transactionnelle moyenne à la valeur boursière.

CHAP 4 : COMMENT ATTIRER PLUS DE TRAFIC VERS VOTRE SITE EN ANALYSANT LES STRATEGIES MARKETING DE VOS CONCURRENTS

Réaliser une croissance commerciale en 2021 peut sembler être une demande importante, étant donné la pandémie actuelle, le ralentissement financier mondial et la baisse de confiance des acheteurs.

Pourtant dans le royaume du numérique, les choses n'ont pas été dramatiques. Notre étude sur les tendances du marketing numérique et du commerce révèle que les recherches "buy online" (acheter en ligne) ont connu un pic d'augmentation au cours du premier semestre.

Cela signifie que beaucoup plus d'entreprises ont intérêt à créer ou à améliorer leur visibilité en ligne existante pour obtenir une plus grande part de marché et attirer plus de clients.

Mais cela veut dire également que les entreprises de divers secteurs sont désormais confrontées à une concurrence plus rude et à davantage d'obstacles à surmonter pour décrocher le tout premier ou 1000e client.

Le trafic est le premier défi auquel les entreprises sont confrontées pour gagner une plus grande part de marché et plus de clients. Ce post présente des tactiques qui aident les entreprises à analyser les tendances du marché et les stratégies des concurrents, afin de générer plus de trafic et gagner plus de visiteurs qui peuvent ensuite être convertis en acheteurs.

- Tous les trafics ne se valent pas
- Comment identifier les tendances du trafic du marché
- Comment décomposer les stratégies marketing de vos concurrents
- Dévoilez les stratégies d'acquisition de trafic de vos rivaux
- Augmenter le nombre de visiteurs du site via le trafic direct
- Faire venir des visiteurs sur votre site par le trafic référent
- Optimiser votre site pour un trafic de recherche plus élevé
- Comment attirer du trafic vers votre site à partir des réseaux sociaux
- Aborder le trafic payant intelligemment

- Conseils supplémentaires pour augmenter le trafic vers votre site
- Attirer plus de trafic vers votre site web - "Just do it !"

Tous les trafics ne se valent pas

Les spécialistes chevronnés du marketing numérique savent que quelques douzaines visiteurs ciblés valent plus que des dizaines ou des centaines de visites d'une audience plus générale. Les visiteurs doivent correspondre au profil d'acheteur de l'entreprise, que l'on doit garder à l'esprit quand on cherche à acquérir du nouveau trafic.

Ainsi, en prenant du recul, les entreprises doivent s'assurer que leur profil d'acheteur est défini avant de penser à augmenter leur trafic ou à en générer. Une fois cette étape franchie, ce sont les benchmarks du marché et les informations fournies par les stratégies d'acquisition de trafic des concurrents qui favorisent la victoire dans la course au trafic.

PARTI 1 : Comment identifier les tendances du trafic du marché

La toute première étape de l'élaboration d'une stratégie de croissance du trafic consiste à examiner les tendances du trafic sur le marché - cela permettra de définir l'étendue des objectifs de croissance potentielle. Si la niche globale dans laquelle vous vous trouvez est en déclin, parier sur une augmentation du trafic de 400% a des chances de se révéler une erreur d'appréciation.

Une simple recherche sur Google Trends peut vous donner une vue d'ensemble de ce qui se passe dans votre niche.

Si l'on prend l'exemple d'Expedia, la baisse du trafic peut s'expliquer par la diminution du nombre de recherches pour certaines requêtes de recherche payantes pour lesquelles il se classe :

Il s'agit, bien entendu, d'une approche superficielle de recherche des tendances du marché. De nombreux rapports du secteur et des outils d'analyse de marché plus avancés fourniront une vue d'ensemble plus approfondie :

En examinant les données de l'outil Market Explorer, nous pouvons constater que le marché global du tourisme a considérablement chuté, et la baisse de trafic d'Expedia en est donc une conséquence naturelle. Cette diminution des volumes de trafic fait que des marques comme Expedia doivent entrer dans la course au trafic existant (et en déclin) contre leurs concurrents.

Comment décomposer les stratégies marketing de vos concurrents

En tant qu'acteur du secteur, vous avez probablement une idée de vos principaux concurrents. Sinon, une simple recherche sur Google vous donnera une idée approximative des entreprises les plus performantes dans votre niche.

Pour obtenir une image plus précise, consultez ce post (en anglais), qui vous guidera dans le processus d'identification de vos rivaux.

Pour éviter de rendre cette étape trop lourde, définissez jusqu'à cinq de vos plus proches concurrents et disséquez les stratégies de génération de trafic de vos rivaux.

Dévoilez les stratégies d'acquisition de trafic de vos rivaux

Comme vous n'avez pas accès aux données de trafic interne de vos concurrents, vous devez utiliser des outils comme Analyse du trafic pour obtenir le type de données que vous collecteriez à partir de votre Google Analytics.

En utilisant Analyse du trafic, vous pouvez voir comment vos rivaux établissent leurs priorités en matière d'acquisition de trafic - qu'il s'agisse de trafic direct, référent, de recherche, social, ou payant.

À l'aide de cet outil, nous avons constaté qu'Agoda a dépassé Hotels & Expedia en termes de chiffres liés au trafic. En effet, Agoda a généré une part importante de trafic à partir de ses campagnes payantes (ce qui nécessite nécessairement des budgets d'annonces plus importants) et des réseaux sociaux :

En examinant la position de vos concurrents par rapport à votre site en termes de sources de trafic, vous pouvez identifier les points faibles et les points forts de votre stratégie marketing, et l'ajuster en conséquence.

Passons en revue chaque source de trafic et voyons ce que vous pouvez faire si vous identifiez une faible part de trafic dans une zone donnée, où des concurrents prennent le dessus.

Augmenter le nombre de visiteurs du site via le trafic direct

Lorsqu'elles constatent que leurs concurrents obtiennent une part importante de trafic direct, les marques peuvent supposer que leurs rivaux investissent beaucoup dans la notoriété de la marque et la fidélisation des clients.

Des marques comme Amazon, Apple et Facebook sont appelées "blue chips" ("jetons bleus", ceux qui ont la plus grande valeur au poker), car elles jouissent depuis longtemps d'une excellente reconnaissance de marque. Pourtant, même des entreprises comme Dollar Shave Club ont une part plus importante de trafic direct (par rapport aux autres sources de trafic), car elles ont parié sur des campagnes de sensibilisation à la marque :

Quand les gens entrent directement l'URL d'un site dans un navigateur ou qu'ils utilisent les favoris, cela signifie :

- Qu'ils en ont entendu parler par le bouche-à-oreille
- Qu'ils ont été encouragés par des campagnes offline ou
- Qu'ils reviennent après une visite ou un achat précédent.

Conseils et astuces :

Pour booster votre trafic direct, vous devez employer des tactiques favorisant les actions mentionnées ci-dessus :

• **Simplifiez les URL** : Bien sûr, choisir un nom de marque facile à retenir est utile pour encourager les gens à taper votre URL dans un navigateur web, mais il est également important d'avoir une URL simple et courte.

• **Investissez dans la notoriété de la marque** : Les gens visiteront votre site directement à partir d'un navigateur uniquement s'ils connaissent déjà votre marque. Les tactiques de marketing online et offline - des panneaux d'affichage et cartes de visite aux annonces sur YouTube - peuvent contribuer à booster la notoriété de marque et apporter plus de trafic direct.

• **Encouragez les visiteurs à revenir** : de l'UX du site à des programmes de fidélisation uniquement en ligne, votre stratégie marketing doit donner envie aux gens de revenir, et même de sauvegarder votre site dans leurs favoris.

Si l'on revient au site d'Expedia, on constate que ses fonctionnalités Expedia Rewards et Liste des favoris sont conçues précisément pour accroître la fidélisation des clients :

Faire venir des visiteurs sur votre site par le trafic référent

Kayak est le principal concurrent d'Expedia pour le trafic cheapflights.com apporte près de 3% de tout le trafic obtenu pa Kayak.

En découvrant quels sites font référence à votre concu identifier leurs partenariats les plus avantageux sur le web, e reproduire leur succès.

Construire des partenariats est un processus à long terme, mais les marques devraient investir dans ce domaine, car prendre la part de trafic des concurrents est une stratégie qui peut fonctionner dans la plupart des cas.

Conseils et astuces :

Il existe également une approche plus générale pour attirer les visiteurs à partir des sites de haute autorité : le link building white hat. Parmi les nombreuses tactiques existantes, nous en avons sélectionné quelques-uns qui fonctionnent vraiment :

- **Soyez actif sur Quora :** Pour de nombreuses requêtes de recherche, les pages de Quora apparaissent sur la première page des résultats. Effectuez quelques recherches (en utilisant Vue d'ensemble du domaine ou en faisant des recherches manuelles) et identifiez quelles pages pertinentes de Quora sont déjà suffisamment bien classées. Ensuite, donnez votre réponse, en incluant un lien vers un contenu pertinent de votre site.

- **Participez à des forums ou des discussions de groupes ex**[...] groupes Reddit, Facebook, et d'autres plateformes attirant de large[...] ligne sont d'excellentes sources de trafic potentiel. Investissez-vous [...] les communautés et partagez des liens (seulement lorsq[...] des contenus/pages de grande valeur sur votre site.

- **Créer des contenus uniques :** Compte tenu de l'importan[...] contenus inauthentiques sur le web, les efforts que vous investirez dans [...] création de contenus uniques finiront bien par payer.

Nous utilisons cette stratégie depuis des années : nous avons effectué des études sectorielles uniques et des recherches approfondies sur des sujets liés à notre sphère, offrant des données et des informations uniques sur le marché dans lequel nous évoluons. Ainsi, nos conclusions sont régulièrement publiées par les principaux médias du monde entier, ce qui donne à notre site des liens de haute qualité :

Optimiser votre site pour un trafic de recherche plus élevé

Pour devancer ses concurrents en matière de trafic de recherche, il faut s'appuyer sur des stratégies d'optimisation de site.

Le SEO est un vaste sujet à couvrir, nous allons donc partager certains contenus utiles qui orienteront vos efforts en référencement naturel dans la bonne direction :

- Cet article de blog (en anglais) vous guide à travers les étapes principales de l'analyse concurrentielle : de la recherche des opportunités de mots clés à

l'identification des fonctionnalités SERP pour lesquelles vos concurrents sont optimisés mais pas vous.

- Cette checklist fournit un fondement solide pour l'optimisation SEO de chaque page de votre site : mots clés, SEO on-page et off-page, SEO technique, contenu, et plus.

Il y a aussi une tactique sous-estimée à prendre en compte lorsqu'on compare son SEO et aux stratégies de trafic de recherche des concurrents.

Expedia et Kayak sont toutes deux des entreprises internationales qui opèrent dans différentes zones géographiques.

En examinant les performances SEO d'Expedia et de Kayak dans un pays spécifique - la Russie, dans ce cas - nous avons remarqué que Kayak tire la plupart de son trafic de Yandex (un moteur de recherche local), alors que le trafic d'Expedia provenant du moteur de recherche russe est beaucoup plus faible :

Si vous gérez une marque au niveau mondial, vous devez être à l'affût de toute source de trafic supplémentaire.

Ainsi, si vous remarquez que le domaine d'un rival reçoit beaucoup de trafic de moteurs de recherche autres que Google - que ce soit Yandex, Bing, Baidu, DuckDuckGo, etc. - vous pouvez envisager d'adapter vos stratégies de SEO à ces moteurs.

Ce post détaillé sur 18 moteurs de recherches alternatifs vous présentera des stratégies d'optimisation pour chacun d'eux.

Comment attirer du trafic vers votre site à partir des réseaux sociaux

Pour les marques qui prennent au sérieux le trafic social, mettre au jour les stratégies de leurs concurrents sur les médias sociaux est essentiel pour accroître leur propre présence sociale. Le nombre de followers ne révèle pas combien de personnes visitent réellement le site web et se transforment ensuite en acheteurs.

Agoda dépasse généralement Expedia lorsqu'il s'agit d'attirer du trafic des réseaux sociaux, et ce malgré un nombre beaucoup plus faible de followers sur tous les comptes médias sociaux des deux marques :

En évaluant la présence de chaque marque sur les différents réseaux, on constate qu'Agoda a 9 fois plus de visiteurs provenant de YouTube qu'Expedia.

Sans entrer dans les détails pour expliquer comment Agoda réussit à faire venir sur son site l'audience qu'elle a sur les réseaux sociaux, nous avons l'intuition que cela pourrait avoir un rapport avec ses dessins animés amusants sur YouTube.

Conseils et astuces :

Une fois que vous avez une idée de ce qui fait le succès de vos rivaux sur les réseaux sociaux, vous pouvez utiliser ces informations et employer les tactiques suivantes pour inciter votre audience à revenir sur votre site :

- Annoncez des concours de marque spéciaux sur les réseaux sociaux et limitez les inscriptions à votre site web.

- Créez des teasers pour vos meilleurs contenus - que ce [soient des] audios, des vidéos ou des textes - et insérez des liens ve[rs la version] complète présente sur votre site.
- Utilisez des calls-to-action (CTA) persuasifs [...] amènent les gens vers votre site.

Aborder le trafic payant intelligemment

En ce qui concerne le trafic payant, les restrictions budgétaires sont déterminantes pour le choix des stratégies. Parmi un large éventail de tactiques, nous en avons identifié deux qui peuvent vous aider à éviter de mal gérer votre budget publicitaire lorsque vous ciblez des audiences pertinentes.

Faites du remarketing des audiences des concurrents sur des plateformes pertinentes

Étant donné que vous savez déjà qui sont vos principaux concurrents, vous pouvez légitimement supposer que vous avez différents niveaux de chevauchement d'audience avec chaque rival.

En juillet 2020, Agoda a atteint 35 millions d'utilisateurs qu'Expedia n'a pas touchés. Agoda est donc un rival beaucoup plus intéressant à regarder que Kayak.

Des outils comme Analyse du trafic (le rapport Audience Insights) peuvent vous aider à identifier les concurrents avec lesquels vous partagez le moins d'audience similaire. Pour étendre votre portée, examinez quelles sont les plateformes que cette audience unique visite fréquemment, afin de cibler ces utilisateurs par des campagnes de remarketing sur les plateformes pertinentes :

Localisez les éditeurs du Réseau Display de Google avec la plus grande correspondance d'audience

Les chevauchements d'audience sont aussi utiles pour déterminer les éditeurs à choisir lors de vos placements GDN.

Nous avons déjà dit que Kayak reçoit une grande quantité de trafic venant de cheapflights.com. Avant d'allouer immédiatement des budgets d'annonces élevés à la plateforme, vérifiez d'abord si cet éditeur partage réellement une part importante de votre audience.

Si le chevauchement entre votre audience et celle de l'éditeur est suffisamment important, vous pouvez lancer une campagne GDN ciblant les utilisateurs qui visitent la plateforme en question.

Conseils supplémentaires pour augmenter le trafic vers votre site

Vérifiez si vos concurrents vous "volent" votre trafic

Même après avoir lancé une stratégie optimale d'acquisition de trafic sur tous les canaux, il se peut que vous perdiez encore du trafic ou que vous ayez du mal à atteindre la croissance. L'une des raisons possibles est que vos concurrents aient déployé une stratégie visant à "voler" votre trafic :

- Vos rivaux lancent peut-être des campagnes d'annonces en ligne pour les mots clés pour lesquels vous essayez de vous classer de façon organique. Une simple recherche sur Google permettra de découvrir si c'est le cas. En cherchant sur Google votre propre marque, vous signalerez à votre concurrent que vous êtes son audience cible, mais vous devrez peut-être effectuer quelques recherches avant de voir apparaître l'annonce du concurrent.

- Ils peuvent également enchérir sur les mots clés de votre marq[ue]. [Dans ce] cas, lorsque les utilisateurs saisissent votre marque dans [la barre de] recherche et appuient sur la touche Entrée, le site de votre con[current pourrait] être la première chose qu'ils voient sur le SERP.

En utilisant l'outil Possibilités de mots clés, nous avo[ns vu que X] enchérissait sur le mot clé de marque Expedia, en prétendant [attirer les] utilisateurs qui font des comparaisons avec des agrégateurs d'hôtels :

Vous devriez toujours surveiller de telles tactiques et lancer des campagnes de contre-enchères sur les mots clés pour garder votre emprise sur la part de marché.

Auditez le contenu existant pour voir s'il a suffisamment de potentiel pour booster votre trafic

Le contenu est le principal générateur de trafic : avec tous ses mots clés, sa construction de liens et son potentiel de viralité. Pour économiser vos ressources et vos efforts, mais aussi maximiser la valeur du contenu existant, il n'est pas nécessaire de créer du contenu à partir de zéro.

Parfois, une stratégie de contenu pour augmenter le trafic consiste à optimiser le contenu existant.

Vous pouvez utiliser Google Search Console pour trouver les pages les moins performantes de votre site et voir si vous pouvez les optimiser pour améliorer leur visibilité.

Pour éviter tout travail manuel, vous pouvez utiliser des solutions automatisées et personnalisables.

Avec des outils comme Content Audit, vous pouvez entrer votre site et il analysera automatiquement la performance de vos pages. Le outil, ImpactHero, vous fournira des suggestions sur l'optimisation contenu pour avoir plus de chances d'attirer des visiteurs

Conseils et astuces :

Pour atteindre de nouvelles audiences sur différents supports, donner une nouvelle vie à des contenus oubliés depuis longtemps et maximiser le potentiel de vos efforts en matière de contenu, utilisez "le principe de la pyramide inversée" de GaryVee :

- Créez un "contenu pilier" (ou choisissez un contenu existant) : un contenu long et complet couvrant un sujet particulier qui trouve un écho auprès de votre audience ;
- Transformez ce contenu ample en ressources de divers formats, comme des vidéos, des articles de blog plus courts, des infographies, et plus encore ;
- Distribuez toutes ces ressources sur des plateformes pertinentes, qui vont des réseaux sociaux aux réponses de Quora.

Soyez rapide et réactif : résolvez tous les problèmes principaux liés au site

Les efforts d'acquisition de trafic peuvent s'avérer inutiles si votre site web montre des signes de mauvaise santé, comme une vitesse de chargement de page trop lente.

Hormis l'aspect lié au contenu, l'augmentation du trafic vers un site dépend également de l'infrastructure technique de votre site.

Si Google ne peut pas trouver, explorer ou indexer votre site, vous ne pouvez pas vous attendre à ce qu'il soit bien classé ; et dans ce cas, vous obtiendrez peu ou pas du tout de trafic de recherche.

Cet article vous donnera une idée globale des erreurs les plus courantes du point de vue du SEO technique. Mais rappelons ici les points clés :

PARTI 2 : VITESSE DE CHARGEMENT DE LA PAGE

Google lui-même admet que "la vitesse équivaut à des revenus". À chaque seconde qui passe, les utilisateurs sont d'autant plus susceptibles de quitter la page, ce qui affecte vos efforts de génération de trafic :

Même si John Mueller de Google affirme qu'il n'existe pas de vitesse de site parfaite, le principe "moins, c'est plus" prévaut ici :

Pour mesurer la vitesse de votre site, utilisez l'outil PageSpeed Insights de Google. L'optimisation de la vitesse se résume essentiellement à :

- Minimiser la taille des images, et
- Améliorer le temps de réponse du serveur.

Cet article vous guidera à travers le processus complet d'optimisation.

Lorsque vous vous fixez pour objectif d'augmenter le trafic et d'obtenir une plus grande part de marché, vous devez toujours être attentif aux tendances du marché et aux stratégies et tactiques de vos concurrents.

Gardez un œil sur le paysage du secteur et vérifiez s'il y a des acteurs qui sont en train de changer la donne, car il serait dommage de passer à côté d'un nouvel acteur de niche qui utilise des tactiques de marketing révolutionnaires.

Nike, un leader de secteur, est un excellent exemple de marque qui surveille les tendances du marché. Sa récente décision de rendre gratuite l'application Nike Training Club donne le ton à toutes les marques qui tentent de s'adapter aux changements de comportement du marché et des consommateurs en lien avec la pandémie.

En ne cédant pas sa part de marché aux autres applications de fitness et aux entraîneurs de gymnastique en ligne, Nike parvient à conserver sa place de leader du secteur.

PARTI 2 : ECOMMERCE & TENDANCES DE CONSOMMATION PENDANT LE CORONAVIRUS

Ce que les entreprises devraient faire pour survivre à COVID

Avec les yeux fixés de chacun sont axés sur les données, chacun prévoit des changements drastiques à la façon dont ils l'habitude de vivre et consommer les articles qu'ils veulent et ont besoin.

À leur tour, les entreprises comprennent que ces changements sont sur le point d'affecter l'ensemble de leurs systèmes de gestion d'entreprise — de la chaîne d'approvisionnement à l'adoption ou à l'expansion du commerce électronique. Et pour garder une longueur d'avance et prendre des décisions éclairées, il y a des données qu'ils doivent examiner.

Ainsi, nous avons compilé les dernières données sur les tendances du commerce électronique, le comportement des consommateurs et la demande pour aider les entreprises à naviguer à travers ce qui pourrait être le moment le plus difficile pour gérer une entreprise - la pandémie de coronavirus.

Obtenez des informations sur le marketing numérique Essayez gratuitement

Impact du coronavirus sur le comportement de l'utilisateur

Comme 52 % des consommateurs tentent de mettre en œuvre la distanciation sociale, un plus grand nombre de personnes achètent maintenant en ligne pour un nombre croissant de nouvelles catégories de produits. Il ne s'agit donc pas seulement d'une augmentation rapide des achats en ligne, mais aussi de la nature de cette demande.

Certaines des plus grandes chaînes de magasins de détail ont dé... qu'elles élargissaient leurs ventes de commerce électronique. Mais ... accéléré ce processus. Et bien que ces entreprises puissent se... équipées pour répondre aux nouveaux besoins des cli... pandémie, ce changement est hors de contrôle... commencent à acheter dans des catégories qui n'étaient p... une augmentation aussi rapide des achats en ligne.

Ainsi, avec le virage tant attendu mais accéléré vers les achats en ligne, le comportement des consommateurs au moment de la pandémie covid-19 est principalement sur le comportement des utilisateurs.

Ainsi, avec les informations des données, nous révélerons:

- Comment la demande des consommateurs a changé au cours des dernières semaines,
- Quelles industries ont connu la plus forte hausse du trafic,
- Quels produits sont en tête de liste des produits les plus recherchés en ligne.

COVID-19 Meilleur impact par les industries

Cependant, nous sommes déjà dans cette crise depuis un certain temps, et la santé n'est pas la seule question qui préoccupe tout le monde aujourd'hui. Il s'agit de passer par la quarantaine et d'abriter les ordres de mise en place. Ainsi, les gens commencent à s'adapter à cette « nouvelle normale », et les catégories loisirs / loisirs voient la plus forte volatilité en ce moment.

Nous avons également accumulé des données de trafic sur des centaines de sites Web haut de chaque industrie avec la plus grande volatilité. Étant donné que ces industries sont historiquement des catégories de recherche à fort

volume, même une augmentation de quelques pour cent implique des nouveaux visiteurs du site.

Donc, regardons chaque industrie qui voit les plus grandes pointes et les recherches en ligne plus en détail.

Impact du coronavirus sur la demande de biens de consommation
Livres &Littérature (+16%)

It is not unusual that the Books and literature category is seeing the overall highest increase in traffic. We have also noticed the continuing rise of audiobooks with Scribd and Audible taking spots within the top list. Whereas, sites like Scholastic and Chegg are now a must-visit for students forced to stay and study at home.

Health eCommerce (+9%)

Health ecommerce brands see the second-highest traffic increase across all industries. Big pharmacy chains are absolutely dominating the online searches—Walgreens, CVS, Riteaid, and others. However, we can spot some newcomers as well.

The third most visited site is Goodrx, a telemedicine startup that allows tracking prescription drug prices and discounts on medications.

Home Decor (+7%)

With the shelter in place regulation, your house becomes your office, your school, a restaurant, and all those places you used to visit. So, many consumers turn to search for home decor — for pleasure or purely utilitarian purposes. Once again, we didn't notice anything unusual about the user preferences for home decor

brands - IKEA, HomeDepot, and Pottery Barn are among the m... websites.

Retail (+6%)

In comparison to previous industries, it may seem like a... nothing, but retail is the category with over 14 billion mo... within three months, it gained over 1.5 billion new visitors.

Lorsque presque toutes les ventes au détail de briques et de mortier sont fermées ou considérées comme dangereuses à visiter, toutes les nécessités quotidiennes — de l'épicerie à ce nouveau chargeur d'iPhone — doivent être achetées en ligne. Il n'est donc pas surprenant de ne voir que les blue chips de commerce électronique dans le top 10.

Amazon, eBay, Walmart, Apple et Aliexpress — tous ces géants sont les gagnants absolus de cette crise du coronavirus. Vous pouvez en savoir plus sur les gagnants du marché et les perdants tout au long de la pandémie COVID-19 dans notre dernier post.

Mode (+5%)

La commande de séjour à la maison n'a pas découragé les consommateurs de penser à la mode. Après tout, nous traverserons tous cette crise du coronavirus et quitterons éventuellement nos maisons. En outre, de nombreuses marques de vêtements ont fait la promotion de grandes remises et de ventes pour stimuler la demande des consommateurs.

Bien que vos Macy's et JC Penney locaux soient actuellement fermés, près de 2,6 milliards de personnes ont visité des sites comme Nike, Macy's, Wildberries, H&M et d'autres.

Impact du coronavirus sur la croissance de l'intérêt des consommateurs pour les produits

Maintenant que nous comprenons ce qui se passe dans les industries les plus en croissance pour le commerce électronique, nous allons au-delà de la recherche de ce que les produits voient la plus forte augmentation de la demande.

Les appareils ménagers, les passe-temps et les catégories de produits d'équipement de sport sont en tête de liste, car les gens déplacent leurs activités de loisirs à l'intérieur et transforment leurs maisons en un espace tout-en-un. Les recherches mensuelles de produits de ces catégories ont doublé et parfois quadruplé.

Le plus gros pic de l'équipement de sport appartient aux recherches kettlebells qui ont augmenté quatre fois juste en un mois. Le reste des produits sont simples : peloton, vélos stationnaires et autres équipements d'exercice.

On s'attendrait à ce que les purificateurs d'air, les congélateurs et les réfrigérateurs deviennent plus populaires lorsque les gens ont tendance à approvisionner leur maison en nourriture et à passer un temps sans précédent à la maison. Ce qui est déroutant, cependant, (puzzles prendre #2 place dans la croissance dans la catégorie des produits Hobbies). En outre, « bidet » a connu la plus grande croissance de recherche dans la catégorie des appareils ménagers.

Les produits walmart qui connaissent la croissance la plus rapide au cours du COVID-19

Walmart est l'un des plus grands acteurs du commerce électronique pendant l'épidémie de coronavirus.

Et les changements les plus profonds dans le comportement des consommateurs et les préférences des produits sont visibles lorsque vous regardez Walmart.

Il semble surprenant de voir que les 20 pages de produits Walmart les plus visitées n'ont rien à voir avec l'épicerie. Consoles de jeux vidéo avec consoles de commutage Nintendo dominant absolument le marché. Le rapport indique que les tissus de bain, les lingettes désinfectantes et les désinfectants pour les mains sont les produits les plus consultés sur le site de commerce électronique de Walmart.

Catégories de produits à la croissance la plus rapide d'eBay

eBay est un autre acteur de longue date dans l'espace e-commerce. Jetons donc un bref coup d'oeil aux catégories de produits qui voient le plus grand pic pendant le coronavirus.

Les données sur les catégories de produits à la croissance la plus rapide d'eBay prouvent les données que nous avons partagées ci-dessus. Les plus gros pics se produisent dans les catégories mode et passe-temps si vous regardez le top 20. Les seuls nouveaux produits que nous voyons ici sont les smartphones (probablement, en raison de rumeurs que la chaîne d'approvisionnement de l'iPhone est menacée) et les pages de produits de pièces automobiles.

Ecommerce& Tendances de consommation pendant les vacances à l'époque de COVID-19

Si ce que nous avons vu à partir des données ci-dessus signifie des virages moins évidents dans la demande et les préférences des consommateurs, certaines choses restent les mêmes. Les vacances seront toujours des jours

fériés, quelle que soit la pandémie. Ainsi, nous avons pris un cou... requêtes de recherche qui ont culminé tout au long du temps de Pâqu...

Au cours des années précédentes, les gens se sont précipit... commerces de briques et de mortier pour acheter des g... inhérente est restée avec nous cette année, à une s... pendant la pandémie de coronavirus, les gens ont fait leurs courses...

Voici les données sur les changements de volume de recherche au cours des deux dernières semaines pour certains des mots clés les plus populaires liés à Eater :

Il semble que les habitudes d'achat de la saison des Fêtes restent avec nous, tandis que les moyens de les acheter changent. Ainsi, il est clair que les entreprises de commerce électronique ou les marques qui vendent en ligne peuvent s'appuyer sur des prévisions prudentes au cours de leurs campagnes de marketing des Fêtes, même tout au long de la pandémie.

Qui plus est, étant donné que votre produit est en vente en ligne, doubler sur les campagnes de marketing numérique à l'heure des pics d'achats en ligne sans précédent. Par exemple, le mot clé « Oeuf de Pâques » a vu une augmentation de 20% des requêtes de recherche YoY:

Donc, si la pandémie continue de se propager, méfiez-vous des comportements « conservateurs » des consommateurs pendant les vacances qui sont à venir sur notre chemin. Ensuite, ajustez votre stratégie de marketing numérique pour tirer le meilleur parti du passage à l'achat en ligne.

Ce que les entreprises de commerce électronique doivent faire maintenant

Il est déjà clair que la crise du coronavirus donnera un coup de pouce à court terme aux entreprises de commerce électronique, étant donné que celles-ci parviennent à rester en affaires pendant l'économie difficile et la diminution du pouvoir d'achat des consommateurs.

Mais les difficultés économiques passeront, tandis que les changements des consommateurs se poursuivront. Les habitudes de commerce électronique ont tendance à devenir encore plus collantes une fois que les gens vont en ligne. Ainsi, même si à court terme, vous pouvez vous sentir découragé d'investir dans la construction d'un avenir de commerce électronique pour votre entreprise. À long terme, vous êtes susceptible de doubler sur les prestations.

Si vous vendez déjà en ligne...

- En ce moment : Mettez à jour votre page Google My Business avec les dernières informations sur votre entreprise.
- Optimisez votre site Web pour des classements plus élevés, un trafic accru, une meilleure expérience utilisateur et des conversions. Votre expérience client en ligne doit être bien pensée et exécutée en douceur pour vous assurer de tirer le meilleur parti de cette tendance émergente.
- Allez multicanal: Essayez de vous assurer que votre produit est présent sur différentes plateformes - des marchés comme Amazon, eBay, Aliexpress, Google Shopping, Facebook Shopping aux médias sociaux pour examiner les forums. Cela vous apportera de l'évolutivité et vous assurera que vous êtes partout où vos clients veulent que vous soyez.

Si vous ne vendez pas encore en ligne...

- Offrez des cartes-cadeaux pour les produits qui peuvent être réservés ou échangés plus tard.
- Obtenez une part de marché de la demande des acheteurs en ligne. Listez votre produit sur les marchés les plus actifs pour votre créneau, que ce soit Amazon, eBay, Aliexpress, Google Shopping, Facebook Shopping ou Instagram shop fonctionnalité - toutes ces plates-formes sont disponibles à portée de main.
- Obtenez votre entreprise en ligne, même si votre entreprise est intrinsèquement brique et mortier. Ces entreprises font également des choses incroyables en ligne - des chèques-cadeaux aux concours de médias sociaux. En étant présent en ligne, vous pouvez non seulement exploiter la demande des consommateurs existants, mais en créer une. Ainsi, obtenez votre entreprise en ligne aussi rapidement que possible et lentement construire votre autorité en ligne.

PARTI 3 : Croissance du commerce électronique en 2020 : Rapport mondial sur la performance des achats numériques

Découvrez le paysage mondial des achats en ligne avec les données mondiales des applications mobiles, web et web mobile.

L'année 2020 a été pleine de discussions sur l'inévitable numérisation de nos vies , de l'éducation aux visites de musées en ligne et aux pièces de théâtre. Il y avait aussi beaucoup de premières, y compris les gens qui ne penseraient jamais à faire des achats d'épicerie en ligne ou considéré comme l'achat de vêtements en ligne impensable. Ainsi, bien sûr, le « choc de la demande » - une poussée d'achat numérique sans précédent - a eu le plus grand impact sur les activités quotidiennes comme le shopping.

Ce changement de comportement a largement affecté le marché d[...] essor du commerce électronique, car les magasins de briques et de [...] été (et certains sont encore) fermés pendant des mois. Pourtant[...] mondiale, on estime que le marché du commerce é[...] croître que de 16,5 % d'une année à l'autre (YoY), so[...] inférieur à celui des périodes précédentes.

Avec ce passage quelque peu forcé à l'en ligne, la tendance s'est coincée et l'afflux de nouveaux clients numériques a conduit non seulement à des dépenses de consommation sans précédent qui ont souvent dépassé les indices de référence YoY dans certains secteurs de la vente au détail, mais aussi la concurrence la plus féroce jamais pour l'attention des nouveaux acheteurs en ligne.

C'est précisément ce que nous voulions explorer plus en profondeur, à savoir comment la pandémie a **affecté les performances des achats numériques et qui ont été les plus grands gagnants de cette « nouvelle normale » en 2020.**

La connaissance, c'est le pouvoir, et 2020 a remanié tout ce que vous saviez sur le paysage du commerce électronique avant la pandémie. Ainsi, Semrush a combiné sa puissance d'analyse du trafic avec des informations d'application unique en son genre d'Apptopia pour analyser les performances web et app pour disséquer comment la pandémie a changé le marché du commerce électronique et de découvrir les e-tailers à la croissance la plus rapide de 2020. Lire notre rapport complet sur les performances des achats numériques à: Obtenir un hélicoptère ...

Principaux plats à emporter du rapport sur la performance des achats numériques

Afin de recueillir des données complètes sur le paysage du commerce électronique,

Apptopia a fourni ses estimations de performances d'applications basées sur l'analyse de plus de 7 millions d'applications opérant sur l'Apple Store (global) et Google Play (mondial, sauf en Chine).

Nous avons utilisé les informations sur le trafic de 1 000 des sites web de commerce électronique les plus visités au monde dans plusieurs catégories en fonction des données de l'add-on de Competitive Intelligence.

Sans plus tarder, plongeons en profondeur dans les faits saillants de notre rapport collaboratif.

Performance numérique : les meilleurs détaillants du monde [2020]

À certains égards, le comportement d'achat en ligne n'est pas différent de hors ligne - les gens aiment les endroits et les plates-formes qui les aident à trouver les meilleures offres et produits en un seul endroit avec un minimum d'effort

Même en termes numériques, **les grands boxeurs avaient un avantage concurrentiel important sur les petits e-tailers mono-marques.**

Il suffit de jeter un oeil à cette liste mondiale des dix premiers détaillants:

La catégorie globale combine les données des applications (utilisateurs actifs mensuels moyens) et les données Web de bureau et mobiles (visiteurs uniques mensuels moyens)

Combinez d'importants investissements dans l'infrastructure d'expérience d'achat et la commodité d'expédition (pensez Amazon Prime) avec une large gamme de

produits disponibles (de l'épicerie à la dernière PS 5) et vous obtiendr
plate-forme ultime qui couvre l'ensemble de la gamme de besoins
quarantaine.

Amazon a complètement dominé le marché mondial des
sur le web et via l'application mobile. Des gens comme
bien sûr, ont également obtenu des positions de premier plan
plateformes de vente au détail les plus visitées pour les acheteurs en ligne.

Les seuls détaillants mono-marques à se rendre à la liste sont Samsung et Apple - les deux entreprises technologiques imbattables dont l'affinité de marque compense un manque de gamme de produits par rapport à Amazon et Walmart.

La seule exception à cette tendance globale des super-magasins est eBay, une plate-forme de marché C2C (consommateur à consommateur). C'est là que les consommateurs numériques sont probablement allés à la recherche de biens impossibles à trouver ailleurs pendant la pandémie et pour désencombrer les maisons qui étaient devenues un espace tout-en-un pour le travail, l'éducation et les loisirs.

Global Shopping App Télécharger leaders

Dans l'univers des applications, lorsque nous parlons de téléchargements d'applications, nous insinuons l'installation de nouvelles applications nettes ou de nouveaux utilisateurs. Ainsi, les téléchargements reflètent généralement la façon dont une marque se porte en ce qui concerne les conversions, parce que l'utilisateur téléchargeant l'application est assez loin le long de l'entonnoir d'achat.

Voici le top 10 des marques qui ont obtenu le plus grand afflux de nouveaux utilisateurs d'applications en 2020 dans le monde entier:

*Les données de l'application sont des utilisateurs actifs mensuels m

Alors qu'Amazon est un gagnant clair ici, fait intéressant, la plupart des acteurs mondiaux dans cette catégorie sont des plates-formes entièrement en ligne sans emplacement physique.

Toutefois, si Amazon, SHEIN, WISH et AliExpress peuvent être considérés comme des plateformes véritablement mondiales, certaines marques sont plus spécifiques à l'emplacement, avec les performances de Shopee et Lazada s'entêtant à travers l'Asie du Sud-Est, Flipkart en Inde, et Pinduoduo et Taobao en Chine.

YoY shifts in Total Shopping App Téléchargements

En approfondissant les chiffres, nous pouvons examiner de plus près la dynamique de téléchargement des applications d'achat YoY à travers le monde :

La croissance globale du téléchargement est d'environ 17%. Étant donné que les téléchargements d'applications sont comptés en milliards, nous parlons de millions de nouveaux consommateurs prêts à acheter.

En regardant les chiffres trimestriels de 2020, nous pouvons repérer **un intérêt croissant pour les solutions numériques de vente au détail,** malgré certains efforts pour rouvrir les économies et les entreprises de briques et de mortier.

Meilleurs sites e-commerce [Dans le monde entier et aux États-Unis]

Comme dans le monde des applications, sur le Web (à la fois d[...] mobile)**Amazon est le plus grand site de commerce électronique [de toute] la planète.** Certains de ses domaines régionaux (États-[Unis, Japon,] Royaume-Uni) se classent à quatre places parmi les [sites de commerce] électronique les plus visités au monde.

Cumulativement, **les sites Amazon représentent environ 60% du trafic mondial dans le top 10.** Par conséquent, nous ne pouvons pas sérieusement parler ici d'une quelconque concurrence. Pourtant, si l'on regarde le top 5, rakuten basé au Japon et eBay basée aux États-Unis sont les deux seules marques à réussir à maintenir une course contre Amazon.

En comparant les numéros de trafic YoY, Walmart, Samsung et Aliexpress ont même perdu une certaine audience en ligne. Toutefois, avec de nombreuses personnes optant pour les achats en ligne sur une base régulière, et donc des paris plus importants sur les applications, cette diminution peut être expliquée par l'expansion de la base d'utilisateurs de leurs applications mobiles.

Au niveau régional, voici les 10 meilleurs sites de commerce électronique aux États-Unis en 2020 :

Notre gagnant le plus évident du commerce électronique, Amazon, garde également son terrain fort sur le marché américain, avec près de cinq fois le trafic de son plus proche concurrent, eBay. Malgré son statut déjà géant, Amazon a progressé à un rythme supérieur à la moyenne du marché (16,3%), avec un trafic en hausse de près de 24%.

Le nombre d'audience d'Etsy et wayfair a augmenté à la vitesse la avec un afflux de visiteurs du site de YoY atteignant respectivemen %.

Les principaux canaux de trafic sont à l'origine de la électronique

Bien que l'augmentation de la demande des consommateurs soit aussi claire qu le jour, nous avons pensé qu'il était nécessaire de disséquer les canaux qui amènent cette audience nouvellement émergente à ces grands détaillants.

De la dynamique des canaux à la répartition réelle des canaux par sources de trafic, ces informations sont inestimables lorsqu'il s'agit de suivre les meilleures pratiques de l'industrie.

Ainsi, sur la base des données globales du marché du commerce électronique et des 5 principales données sur les sites de commerce électronique aux États-Unis, voyons ce qui se passe avec les principaux moteurs de trafic pour ce segment :

Il n'y a aucune raison de séparer les données sur le trafic mondial et américain ici, car les tendances des sources de trafic sont constantes sur l'ensemble du marché.

En 2020, le trafic direct était responsable de près de 50% du trafic total des sites web sur le marché. Cela signifie que la notoriété et la rétention de la marque sont les facteurs de croissance du commerce électronique.

Suivant dans la ligne est la recherche, avec un tiers du trafic provenant des moteurs de recherche, suivie par referral, représentant 14%. Les médias sociaux ont traditionnellement enregistré le plus faible nombre de visiteurs pour les sites de commerce électronique, ne générant que 2,4 % de l'ensemble du trafic.

Toutefois, si l'on examine la dynamique du trafic YoY, le tableau devient un peu plus complexe :

Social a augmenté son importance en tant que conducteur de la circulation de 30%. Grâce au soutien à la clientèle et à l'expérience de magasinage en ligne, les comptes de médias sociaux ont fourni la seule sensation d'achat à proximité de la vie réelle pour les consommateurs. En outre, certaines plateformes de médias sociaux comme Instagram ont décidé de capitaliser sur l'afflux de nouveaux utilisateurs prêts à l'achat, mettant en œuvre des solutions d'achat instantané comme l'onglet « Shop ».

Nous pouvons également repérer une légère baisse de 7% du trafic provenant de search. Avec un plus grand nombre d'entreprises déplaçant leurs opérations et leurs ventes en ligne, la concurrence a monté en flèche, ce qui rend naturellement plus difficile la concurrence pour les premiers classements, responsable des plus grands nombres de trafic.

Pour les prévisions d'experts sur les nouveaux canaux de croissance à fort impact pour le marketing du commerce électronique, assurez-vous de lire ce billet de blog.

Bonus : Segment de vente au détail qui connaît la croissance la plus [...] États-Unis en 2020

Sans intriguer, les plateformes BuyNow, PayLater ont connu [...] croissance les plus élevés par rapport aux autres segme[...]

Essentiellement, l'application BuyNow, PayLater ou le site o[...] qu'il dit - à acheter avec la possibilité de payer en versements plutôt que de fai[...] un paiement important à la fois. La pandémie a clairement affecté la confiance des consommateurs, malgré l'allégement, et a réduit la stabilité de l'emploi et de l'économie, ce qui a conduit aux meilleurs mois et trimestres pour de telles solutions.

Avec buynow, paylater apps, **leurs installations 2020 ont bondi de 136% YoY.**

De marque en marque, les plateformes établies prennent le contrôle de la majeure partie de la part de marché :

Klarna, de longue date, a repris environ 45% du marché des applications BuyNow, PayLater, tandis qu'Affirm, la plus ancienne application de ce type, ne possède que 13% de part de marché. Les nouveaux venus Quadpay et Sezzle ne sont apparus qu'en mars 2019, mais ils prennent déjà le contrôle d'un important marché.

Lorsque nous avons approfondi les performances web de ces applications, nous avons vu que web-sage, avec 47% de croissance globale du trafic, le BuyNow, PayLater segment voit également certains des plus grands pics de visite YoY.

Le succès de l'application est largement reproduit sur leurs paramètres, à quelques exceptions près :

- Aux États-Unis en 2020, Affirm a le plus grand nombre d'audience sur le marché du segment de marché. Afterplay arrive en deuxième position.

- L'application mobile la plus populaire, Klarna, malgré une croissance YoY de 82%, détient à peu près 9% du marché web.

Plongez profondément dans le rapport complet sur les performances des achats numériques

Ce message n'a décrit que quelques faits saillants sur les tendances et les points de repère en matière de performances du commerce électronique.

Pour avoir une vue complète et détaillée du paysage du commerce électronique post-pandémique, assurez-vous de passer en compte dans le rapport complet afin de savoir :

- Aperçus des performances sur les applications et les sites de briques et de mortier, C2C (acheter / vendre le marché), Acheter maintenant, Payer plus tard, la mode rapide, de luxe, athlétique, sneaker, récompenses / coupons / marques d'épargne;
- données spécifiques aux États-Unis sur les principaux détaillants (app+web);
- Données régionales sur les détaillants les plus populaires au Royaume-Uni, en Allemagne, en France et en Inde;
- Les meilleurs pays par l'engagement de magasinage le plus élevé ;
- Analyse détaillée des conducteurs de trafic (canal par canal);
- Les principales caractéristiques d'audience des acheteurs de commerce électronique.

Nous espérons qu'avec ces idées et nos meilleures solutions de s[...] pour les victoires en ligne, vous serez en mesure de naviguer jusq[...] une année de concurrence la plus féroce jamais et, espérons-le, [...] croissance encore plus élevé du commerce électronique.

PARTI 4 : PME : Il est grand temps de passer au numérique

Au lendemain de la 2e édition de la Semaine Numérique de Québec, il est difficile de ne pas vous parler de l'importance pour les PME d'entreprendre le virage numérique. Les usages numériques ne cessent de se développer, transformant ainsi radicalement les modes de vie des individus et des entreprises.

Entre l'omniprésence des réseaux sociaux dans notre quotidien, l'envolée du e-commerce, l'ubérisation de l'économie, la numérisation des processus administratifs, ou encore la prolifération des objets connectés, le numérique est partout et cela ne fait que commencer.

À tel point qu'**il est vital pour les PME de s'adapter** et d'adopter les technologies numériques pour ne pas se faire dépasser par la concurrence et mettre en péril la pérennité de l'entreprise.

La révolution numérique à l'ère de l'industrie
La transformation numérique des PME

Tout d'abord, il est important de comprendre que la révolution numérique ne s'arrête pas à l'évolution des supports techniques et matériels. Elle se traduit par :

- une **évolution des modèles économiques** (ubérisation, e-commerce, services automatisés en ligne),

- une **évolution dans les relations avec les consommateurs** (nouveaux médias, communication instantanée)

- une **numérisation croissante des processus** de l'entreprise (nouveaux outils de productivité, augmentation de la mobilité, internet des choses, communication entre les équipements).

Pour les petites et moyennes entreprises, le numérique offre de **nouvelles opportunités de développement**. En effet, en intégrant les nouveaux usages du numérique à leur modèle d'affaires, les PME peuvent se doter d'un **avantage concurrentiel** considérable.

Le numérique peut leur permettre, par exemple, de coller en tout temps aux réalités concrètes de leurs clients et de leur marché, de réduire les frontières, de faciliter la gestion des stocks et des ressources humaines ou encore de renforcer l'intimité avec leurs clients. Par contre, pour bénéficier d'un avantage concurrentiel, il ne suffit pas d'adopter le numérique, il faut **créer l'exception et innover**.

L'émergence de l'industrie 4.0

Le numérique impacte à un tel point l'ensemble des secte[urs] industries, qu'il est considéré comme étant au cœur de la **4e [révolution] industrielle**. Après la mécanisation, l'industrialisation et l'au[tomatisation,] nous voilà dans l'ère de l'industrie 4.0 !

Apparu en 2011 en Allemagne, le **concept d'industrie 4.0** [regroupe un] ensemble de technologies et de concepts liés à la **réorganisation de la chaîne de valeur** qui ont pour but de :

- **Rendre les entreprises plus intelligentes** en ayant recours à l'internet des objets, au big data (mégadonnées), à l'intelligence artificielle, à la robotisation, à l'impression 3D, etc.

- **Offrir une plus grande flexibilité** dans la relation avec les clients afin de répondre à leurs besoins de manière personnalisée.

- **Décentraliser les prises de décisions** et la répartition de l'information au sein des organisations.

Les enjeux de l'industrie 4.0

En transformant les modèles d'affaires classiques, l'émergence de l'Industrie 4.0 oblige les dirigeants d'entreprise à se remettre en question. D'ailleurs, selon un rapport du CEFRIO, **l'industrie 4.0 impose deux défis** majeurs pour la PME :

- **Anticiper** de quelle façon les nouvelles technologies peuvent se combiner pour transformer les produits, les processus et les services offerts.

- **Maîtriser** ces technologies, souvent extérieures au corps de métier de l'entreprise, afin d'être en mesure de créer ces nouveaux processus, produits ou services. Le développement ou l'acquisition de ressources humaines possédant ces nouvelles compétences clefs est un enjeu incontournable de cette nouvelle ère. (ou un enjeu pour les dirigeants)

Comment entreprendre le virage numérique ?

Si le numérique est porteur de multiples opportunités pour les petites et moyennes entreprises, il n'est pas sans poser certains problèmes pour plusieurs d'entre elles. Notamment parce qu'il impose un **changement radical de modèle** et requiert des **efforts financiers et organisationnels** significatifs.

nous constatons souvent que l'un des **grands freins à la migration numérique** est que les dirigeants d'entreprise perçoivent le numérique comme une menace et non comme une opportunité.

Cela s'explique par le fait que le numérique, qui est souvent peu ou mal connu par les dirigeants d'entreprise, déstabilise leur organisation et change leurs habitudes. Ce qui rend leur **environnement instable**.

De plus, comme le phénomène de la numérisation est au début de son cycle, il y a encore trop peu d'exemples concrets pouvant inspirer positivement les dirigeants d'entreprise qui souhaiteraient entreprendre le virage numérique.

À titre de **spécialistes des stratégies d'entreprise,** nous insistons auprès des dirigeants d'entreprise pour qu'ils prennent le temps d'évaluer quels

seront les impacts, et surtout les **avantages de l'adoption des technologie**s numériques.

À cet effet, nous proposons de **revoir au complet le plan stratégique** de votre entreprise à la lumière de ces nouvelles données. Pour les entreprises qui n'ont pas encore de plan stratégique, il est important et urgent d'entreprendre cette démarche.

Pour prendre le virage numérique, il faut nécessairement **encourager l'acquisition de nouvelles compétences** en entreprise et faire une bonne **planification stratégique**.

Rappelons que la planification stratégique est l'exercice par lequel une entreprise choisit ce qu'elle doit faire pour **s'adapter aux changements** qui surviennent et qui surviendront à plus ou moins court terme dans son environnement externe (chez ses clients, dans le marché, chez ses concurrents…).

La mise en place de votre stratégie numérique représente l'occasion idéale **d'identifier et de maîtriser de nouvelles opportunités** pour votre entreprise.

Partout dans le monde, des pays explorent les avantages de l'intégration de systèmes d'identités numériques. Vu le nombre croissant de personnes qui accèdent en ligne aux services et aux produits, ou utilisent des appareils mobiles, le Canada est prêt à adopter un système d'identités numériques plus solide.

Dans le présent mémoire, nous explorons les raisons qui justifient un système d'identités numériques au Canada, les moyens utilisés par d'autres pays pour évoluer dans ce domaine et les leçons que nous pouvons tirer de l'expérience des autres dans le développement d'un système d'identités numériques.

Définition de l'identité numérique

Votre *identité* est la représentation de qui vous êtes. L'identité d'un individu se compose donc de divers attributs, tels que son nom, sa date de naissance, son adresse et sa citoyenneté. Traditionnellement, l'identité est établie grâce à des documents papier (p. ex., permis de conduire, passeport ou carte d'identité), parfois complétés par une vérification concrète, souvent une signature.

Dans notre monde de plus en plus numérisé, s'ajoutent à notre identité des noms d'utilisateur et des mots de passe, en plus d'éléments matériels, comme la carte SIM de notre cellulaire. L'identité numérique est donc la façon dont chacun de nous pourra s'identifier dans un environnement numérique, sans devoir recourir à des documents papier.

Il importe de faire la différence entre *identification* numérique et *authentification* numérique. L'authentification numérique est un acte que la plupart d'entre nous effectuent au quotidien : nous connecter à notre site de

médias sociaux préféré, accéder à notre compte en ligne chez notre détaillant favori, ou même déverrouiller notre cellulaire à l'aide de nos empreintes digitales. L'authentification est l'acte de prouver que la personne accédant à mon compte ou à mon appareil est bien moi.

Cette authentification se fait habituellement à l'aide d'un code, d'un mot de passe, d'un identifiant biométrique ou d'un autre facteur. L'authentification est conçue pour répondre à la question « est-ce bien vous? ». L'identification, quant à elle, est plus complexe.

En effet, l'identification vise à répondre à la question « qui êtes-vous? ». L'identité numérique se propose de répondre à cette question avec grande certitude, sans aucune interaction en personne et sans échange de documents papier.

- **Économies de coûts** – Les secteurs public et privé assument les coûts associés à la collecte d'identités. Or, ces efforts sont parfois duplicatifs. Dans le secteur privé, le processus de vérification de l'identité est coûteux pour les institutions financières et leurs clients.

Les coûts de la conformité à la règle de notoriété du client et aux dispositions de lutte contre le blanchiment d'argent s'élèvent mondialement à des milliards de dollars[i]. Environ 1,5 million de Canadiens changent de banque chaque année[ii] et doivent présenter une preuve d'identité chaque fois qu'ils ouvrent un compte auprès d'une nouvelle institution financière.

Dans le secteur public, environ cinq millions de conducteurs à travers le pays doivent renouveler leur permis chaque année, ce qui occasionne un fardeau financier et administratif tant pour les citoyens que pour les gouvernements

Étant donné que ces processus impliquent des documents papier, lourds, inefficaces et coûteux.

- **Réduction de la fraude** – Les criminels exploitent toujours les faiblesses des systèmes d'identités sur papier actuels. Un système d'identité numérique efficace pourra réduire le niveau d'exposition des Canadiens à la fraude financière et au vol d'identité.

Un rapport publié par TELUS a révélé que 74 % des entreprises sont affectées par la fraude en ligne et que le coût annuel des crimes relatifs à la fraude au Canada se situe entre 15 milliards et 30 milliards de dollars. Par ailleurs, le pourcentage d'identités mises à risque a augmenté de 23 % en 2015 et maintient une hausse annuelle.

Un problème particulièrement inquiétant est l'augmentation de la fraude par identité synthétique, qui implique la combinaison de renseignements véridiques et de renseignements fabriqués afin de frauder les entreprises et les gouvernements.

Un rapport sur la fraude par identité synthétique a révélé que les faiblesses dans les systèmes existants rendent plus facile la création d'identités synthétiques. Les restrictions actuelles au partage sécuritaire de renseignements personnels entre les diverses agences gouvernementales créent une occasion pour les fraudeurs d'exploiter le système.

- **Amélioration de la conformité réglementaire** – Un système de gestion des identités adéquat favorise une surveillance et un signalement plus efficaces des transactions complexes..
- **Augmentation de la confidentialité** - La confidentialité et la sécurité des documents d'identification suscitent de plus en plus les inquiétudes.

Un système d'identités numériques protège davantage la co... et donne au consommateur un plus grand pouvoir de gest... identité. Contrairement aux documents papier, l'identité num... être standardisée et utilisée par plusieurs entités... des renseignements. En plus, il n'y aura qu'une s... identité, réduisant la possibilité de renseignements... d'identité et d'utilisation de données périmées qui ne re... pa... situation actuelle de l'individu.

- **Préparation pour l'avenir** – Le Canada est l'un des pays qui évaluent actuellement les effets du système bancaire ouvert, adopté en Europe, au R.-U. et au Japon, afin de pouvoir décider de la meilleure façon dont de tierces parties pourraient accéder aux données bancaires des clients. La question de l'identité numérique doit être traitée avant de pouvoir procéder au système bancaire ouvert. Sans un cadre régissant l'identité numérique sur lequel tous les intervenants auraient convenu, les mauvaises personnes pourraient accéder aux renseignements personnels. Par exemple, sous un régime où de tierces parties peuvent accéder aux comptes bancaires et y effectuer des transferts de fonds électroniques, il est essentiel que des normes soient en place afin de veiller à ce que la bonne personne effectue les opérations et de limiter ainsi la fraude et les pertes financières.

Systèmes d'identités numériques – Aperçu mondial

Les systèmes d'identités numériques sont en rapide évolution partout dans le monde. L'initiative ID2020, dont l'ONU est un partenaire, affirme que l'identité est essentielle pour saisir les occasions politiques, économiques et sociales[viii]. De plus en plus de pays perçoivent la nécessité de trouver une solution aux problèmes que pose la gestion de l'identité. L'Estonie et l'Inde en font partie.

Ces deux pays ont réalisé de grands progrès dans le domaine de l'identité numérique et peuvent servir d'exemple pour le Canada dans ce domaine.

Identité numérique en Estonie : vers une nation électronique

L'Estonie présente l'un des cadres réglementaires de l'identité numérique des plus évolués au monde, tous ses citoyens utilisant une identité numérique pour accéder aux services gouvernementaux. L'Estonie a entamé son passage à l'identité numérique en adoptant un cadre de réglementation composé de deux textes de loi fondamentaux :

- La loi sur les documents d'identification (*Identity Documents Act*) veille à ce que tous les Estoniens reçoivent une carte d'identité « intelligente ». La carte a été émise avec deux NIP séparés, l'un sert à l'authentification et l'autre comme signature numérique.
- La loi sur les signatures numériques (*Digital Signatures Act*) réglemente l'acceptation des signatures numériques à travers l'utilisation de cartes d'identité numérique. Elle encadre également le registre de certification où sont vérifiées les signatures numériques sur les cartes. Cette loi stipule que les signatures numériques sont équivalentes aux signatures manuscrites et que le secteur public doit accepter les documents portant une signature numérique.

Le secteur privé a également adopté le cadre de signatures numériques. La loi permet au secteur des services financiers d'utiliser les identités numériques afin d'offrir des services bancaires ainsi que d'autres services. L'adoption généralisée des identités numériques dans le secteur privé a fortement sensibilisé la population et a favorisé l'acceptation du nouveau système. L'Estonie a établi le système X-Road, une voie électronique qui permet aux secteurs public et privé de procéder à un échange sécuritaire des

données et de veiller à ce que les renseignements soient comp[...] jour, de façon à ce que les individus puissent accéder à une [...] services grâce à leur identité numérique. L'identité numérique en [...] largement utilisée sur diverses plateformes, notamment [...] services bancaires électroniques et même les éle[...] l'identité numérique avait servi à plus de 80 millions d[...] 35 millions d'opérations numériques, un exploit remarquable pou[...] pays [...] 1,3 million d'habitants. Ces améliorations ont produit une épargne estimée à 2 % du PIB de l'Estonie.

Identité numérique en Inde : gestion nationale

En Inde, l'absence d'un vrai régime national de gestion de l'identité a créé des problèmes d'exclusion sociale et a limité l'accès aux services gouvernementaux. Afin de remédier à cette situation et de créer un programme national unique de gestion de l'identité, l'Inde a eu recours à un système d'identités numériques. D'abord, en 2009, le gouvernement de l'Inde a établi la *Unique Identification Authority of India*, ou UIDAI, soit l'autorité d'identification unique de l'Inde, avec le mandat de créer un système de gestion des identités qui soit fiable, vérifiable et rentable, connu actuellement sous le nom d'*Aadhaar*[xii].

Tout comme l'Estonie, l'Inde a commencé par élaborer un cadre juridique et réglementaire pour reconnaître les signatures numériques. En 2016, le gouvernement a adopté la loi Aadhaar qui autorise l'UIDIA à gérer tous les aspects du système Aadhaar, et qui lui confie la responsabilité de veiller à ce que les renseignements liés à l'identité des citoyens soient sécurisés. Quoique l'identification dans le système Aadhar ne soit pas obligatoire, il est obligatoire de s'y inscrire pour accéder aux subventions, aux prestations et aux services gouvernementaux. Ainsi, il y a eu peu de résistance à l'adoption

du nouveau système. Depuis, la base de données de l'Inde affiche plus d'un milliard d'utilisateurs, soit environ 95 % de sa population[xiii].

Le gouvernement de l'Inde met à profit le système Aadhaar pour travailler à l'atteinte des objectifs de politique sociale et économique. Il a mis sur pied India Stack, un regroupement de systèmes sécurisés et infonuagiques conçus pour conserver les données personnelles, comme les comptes bancaires et les déclarations de revenus. Ces renseignements peuvent être accessibles et partagés à travers Aadhaar. Ce regroupement constitue la base d'un système « e-KYC » qui permet aux institutions financières d'identifier numériquement un client. Globalement, le système national d'identités numériques a permis au gouvernement d'économiser près de 9 milliards de dollars américains en améliorant la rentabilité et en réduisant la fraude.

Système d'identités numériques – Leçons pour le Canada

L'Estonie et l'Inde ont certes adopté des démarches différentes et utilisé des technologies distinctes afin de mettre en oeuvre des solutions pour l'identité numérique. Or, le Canada peut tirer de précieuses leçons des points communs de leurs initiatives. En effet, ces deux pays ont entrepris une transformation numérique totale en suivant un même plan de mise en oeuvre d'une politique publique de fond :

- Ils ont veillé à ce que le concept d'identité numérique soit intégré dans la loi. Pour faire accepter au gouvernement et aux entreprises l'usage de l'identité numérique, les législateurs se sont rendu compte de l'importance de s'assurer que cette notion répond aux exigences législatives et réglementaires en matière d'identification des clients.
- Ils ont prévu que, afin de pouvoir lancer un système d'identités numériques sur le marché, le gouvernement doit agir comme catalyseur et élaborer lui-

même le système, tout en permettant au secteur privé d'amé[...] structure en développant des moyens plus efficients et plus sécu[...] effectuer les opérations.

- Ils ont mis en place l'infrastructure de renseignements p[...] pour que les citoyens, les entreprises et le gouverneme[...] d'utiliser le système d'identités numériques.

Il est clair que le Canada est très différent de l'Estonie et de l'Inde. En tant qu'économie de taille moyenne hautement développée, le Canada possède un secteur privé bien établi sur lequel il peut s'appuyer pour créer l'architecture de l'identité numérique et la déployer. Les leçons tirées de l'expérience estonienne et indienne sont toutefois utiles du point de vue politique publique. En effet, pour faire avancer le système d'identités numériques, le Canada devra suivre le même chemin emprunté par ces deux pays : le Canada doit créer un environnement législatif et réglementaire qui favorisera l'établissement d'un système d'identités numériques accessible à tous, et qui facilitera au secteur privé et au secteur public l'acceptation des identités numériques lorsqu'elles auront cours.

Plan d'action pour l'établissement au Canada d'un système d'identités numériques fédéré

La modernisation du cadre réglementaire, qui facilitera et encouragera la création de solutions novatrices dans le domaine de l'identité numérique, est un facteur clé pour l'établissement d'un système d'identités numériques solide au Canada. Dans son programme d'innovation inclusif, le gouvernement fédéral a fait un premier pas en soulignant des principes clés, notamment le besoin d'être concurrentiel dans un monde numérique et l'impératif de faciliter le commerce.

L'élaboration d'un cadre national de l'identité numérique est intime[ment liée à] ces principes clés et est essentielle à la participation future du [Canada à] l'économie numérique.

Bien que les mesures prises par le gouvernement soient [utiles, une] action fédérale supplémentaire est requise afin d[e réduire toute barrière] réglementaire pouvant empêcher une large adoption de l'ide[ntité numérique.] Voici des recommandations susceptibles de faciliter l'établissement e[t] l'adoption d'un système d'identités numériques au Canada.

Exploiter la force du secteur privé

Fortement développé au Canada, le secteur privé est en mesure de créer un système d'identités numériques efficace et novateur, qui évitera les coûts et les risques associés à l'établissement, à partir de rien, d'un large système centralisé. Actuellement, le modèle d'identification au Canada est décentralisé, formé de systèmes isolés conservant différentes composantes de l'identité de chaque individu.

À titre d'illustration, pour le même individu en Ontario, le ministère de la Santé émet la carte santé, le ministère des Transports délivre le permis de conduire, et les banques et autres institutions financières gèrent les renseignements financiers. Il n'y a aucun lien ni aucune connexion entre ces différentes données pour pouvoir identifier la personne.

Le Canada a la possibilité de créer un système de gestion de l'identité numérique interconnecté, ou « fédéré », liant les gouvernements et le secteur privé, où l'identité électronique et ses différentes composantes seront conservées dans divers systèmes de gestion de l'identité, indépendants mais interconnectés. Le recours à un système fédéré permet aux citoyens de confirmer électroniquement leur identité au moyen d'une combinaison de

différentes composantes, à travers le gouvernement (permis de co[...], coordonnées de connexion bancaires et les données biométriques [...] empreintes digitales et la reconnaissance faciale.

Un système d'identités numériques fédéré au Canada [...] indéniables. Contrairement à un cadre d'identités nu[...] remet la gestion de l'identité numérique entre les mains d'u[...] un système fédéré fait appel à de multiples systèmes, éliminant la dépendance à l'égard d'un unique fournisseur de services.

En d'autres termes, il n'y aura aucun point de contrôle unique ni aucune seule défaillance qui pourront compromettre le système dans son ensemble. En outre, un modèle fédéré sera davantage aligné sur la structure fédérale du Canada, car il crée des connexions entre les systèmes de gestion des identités numériques fédéral et provinciaux.

Par ailleurs, un réseau décentralisé réduira les risques de fraude en éliminant les menaces pouvant compromettre les données. Cette capacité de vérifier l'identité à travers un processus unique et simplifié fournit aux individus une plus grande confidentialité, et donne aux clients, aux entreprises et aux gouvernements les moyens d'effectuer une intégration avec plus de facilité et de transparence.

Les institutions financières vigoureuses du Canada se doivent d'assumer un rôle clé à cet effet. Le Forum économique mondial a affirmé que les institutions financières doivent mener les efforts en vue d'établir des systèmes d'identités numériques et être à la tête de la création et de la mise en oeuvre de plateformes de gestion des identités.

En plus de faire l'objet d'une surveillance rigoureuse, les institutions financières et les banques doivent respecter des normes strictes en matière de protection des renseignements personnels. Les Canadiens font confiance aux banques pour conserver et maintenir en toute sécurité des données personnelles exactes.

Par ailleurs, les banques possèdent l'infrastructure adéquate pour exercer leurs activités dans l'ensemble des provinces et à l'étranger, et donc de soutenir les solutions de gestion des identités numériques au Canada.

Voilà des siècles que les banques fournissent à leurs clients des « références » sur papier. Avec l'accélération des développements technologiques, il est naturel que le support papier de ces références évolue en forme numérique.

Une plus grande clarté dans la *Loi sur les banques* au sujet des services d'identité numérique permettra aux banques d'explorer plus en profondeur les occasions dans ce domaine.

Favoriser l'usage de l'identité numérique dans l'ensemble de l'économie

De nombreuses entreprises et agences gouvernementales doivent respecter des exigences législatives et réglementaires au moment d'établir l'identité de leurs clients.

Pour que l'identité numérique soit globalement adoptée, la législation et les règlements, comme la *Loi sur le recyclage des produits de la criminalité et le financement des activités terroristes*, devront permettre aux entreprises d'accepter l'identité numérique.

Bien que des dispositions existent déjà en matière de vérification de l'identité par des mesures autres qu'en personne, des dispositions élargies et plus

claires portant sur l'utilisation de l'identité numérique garantiront aux citoyens, aux entreprises et aux gouvernements l'accès au système d'identités numériques, tout en envoyant un message sans ambiguïté indiquant que le Canada a adopté l'économie numérique.

Évolution du Canada vers l'identité numérique

L'économie du Canada subit une transformation numérique. Dans notre monde interconnecté, les documents papier occasionnent des ennuis inutiles et ouvrent la voie aux possibilités de fraude et de vol d'identité. Une solution plus sécuritaire et plus fiable peut être conçue pour répondre aux attentes des consommateurs en matière d'opérations fluides, et en matière de confidentialité et de sécurité.

Le gouvernement fédéral devra élaborer un cadre juridique permettant la création et l'utilisation de solutions d'identités numériques qui répondent à une stratégie nationale unique, en mettant à profit les capacités du secteur privé.

La collaboration est essentielle pour permettre au Canada de participer à l'économie numérique à la fois sur son territoire et à l'étranger, de façon à stimuler l'innovation et la croissance et de créer des solutions pour la gestion de l'identité des citoyens qui soient plus solides et plus sécuritaires.

PARTI 5 : GUIDE DE PREPARATION D'UN PLAN MARKETING

Le **plan marketing** vous permet de fixer les **objectifs de votre entreprise** et de vous assurer qu'ils sont atteints, ou au moins que vous avancez toujours dans la bonne direction.

Les rôles du plan marketing de votre entreprise

Si l'on devait résumer le plan marketing en une seule fonction, ce serait d'**assurer la croissance de votre entreprise**. Cette vaste mission du plan marketing se décompose en plusieurs rôles :

Rôle 1 : Comprendre l'environnement dans lequel votre entreprise évolue et détecter ses changement

L'environnement de votre entreprise, ce sont tout d'abord ses concurrents directs et indirects. Eux aussi travaillent dur à développer de nouvelles offres de services et produits. À l'occasion de la rédaction de votre plan marketing, vous prendrez le temps d'analyser leurs actions, leur positionnement, leur éventuelle croissance, leurs nouveaux partenariats… Un marché évolue constamment, et faire un **bilan des tendances** à intervalle régulier est essentiel. Le recours à des spécialistes en marketing est essentiel.

Ensuite, faites un point sur les **réglementations** qui sont susceptibles de toucher votre marché, directement ou indirectement.

Faites également une **veille technologique et concurrentielle** pour guetter d'éventuelles mises en marché qui pourraient bousculer votre secteur d'activité.

Les veilles stratégique, technologique et sectorielle demandent de l'effort au quotidien, mais une analyse rigoureuse annuelle permet d'aller plus loin et de repérer d'éventuelles opportunités et menaces, et ainsi **préparer au mieux votre entreprise** aux changements à venir.

Rôle 2 : Mesurer les performances de l'entreprise par ses ventes

Le plan marketing est une occasion de faire le point sur vos ventes, vos clients, vos produits et vos marchés. Quels produits ou services ont mieux (ou au contraire moins bien) fonctionné ? Observez-vous certaines **variations** (saisonnalités, événements spéciaux, promotions, campagnes de communication) ? Si vous ne voyez pas de raison valable à une baisse des ventes, il faudra chercher plus loin et peut-être réaliser des **audits clients**.

Rôle 3 : Comparer l'année écoulée avec l'année précédente pour fixer vos objectifs à venir

Un marché est en perpétuel mouvement. **Analyser vos ventes** le plus précisément possibles (canaux de distribution, prix, période, produit, environnement…) vous permettra de toujours détecter les tendances et d'être (et de rester) au plus près des besoins de votre clientèle.

Rôle 4 : Élaborer la stratégie de croissance

Avant d'établir votre **stratégie de croissance**, vous devez tout d'abord analyser votre marché, vos clients et leurs attentes. Votre positionnement et votre **offre marketing** doivent être établis à partir de cette expertise du marché.

C'est aussi grâce à cette **expertise** poussée que vous pourrez déterminer votre plan de croissance, qu'il s'agisse de créer de nouveaux produits pour votre clientèle existante, ou de proposer vos produits existants à une nouvelle clientèle.

Pour finir, votre plan d'action

Après avoir établi ce que votre entreprise doit faire po[ur générer] de **nouveaux profits**, il faut maintenant déterminer comment le[...] le plan d'action. Celui-ci sera propre à chaque plan m[arketing selon] des objectifs fixés.

La fréquence de révision d'un plan marketing

Dans des contextes où les marchés évoluent rapidement, il est indispensable de garder le plan marketing à jour et de le **réviser régulièrement**, idéalement chaque année.

CONCLUSION

Une bonne stratégie Marketing offre l'opportunité de mieux maîtriser son entonnoir de conversion.

En orientant votre démarche sur le succès de vos prospects et clients existants, vos actions marketing seront plus performantes.

Une offre dont la valeur ajoutée est perçue rapidement et une stratégie orientée en fonction des besoins de vos clients vous assureront une croissance mieux maîtrisée sur le long terme.

Découvrez comment **Ets. LA VERITE BUSINESS** peut vous aider développer votre business grâce à l'Incontournable clé du Marketing Digital en 2021.

www.ingramcontent.com/pod-product-compliance
Lightning Source LLC
Chambersburg PA
CBHW031928240526
45464CB00023B/2146